给孩子的数学故事书

无限中的有限

极限的故事

张远南　张昶　著

清华大学出版社
北　京

图书在版编目(CIP)数据

无限中的有限：极限的故事/张远南，张昶著. —北京：清华大学出版社，2020.9
(2022.1重印)
(给孩子的数学故事书)
ISBN 978-7-302-55840-8

Ⅰ.①无… Ⅱ.①张… ②张… Ⅲ.①极限—青少年读物 Ⅳ.①O171-49

中国版本图书馆 CIP 数据核字(2020)第 112439 号

责任编辑：胡洪涛　王　华
封面设计：于　芳
责任校对：刘玉霞
责任印制：宋　林

出版发行：清华大学出版社
网　　址：http://www.tup.com.cn，http://www.wqbook.com
地　　址：北京清华大学学研大厦 A 座　　邮　　编：100084
社 总 机：010-62770175　　邮　　购：010-62786544
投稿与读者服务：010-62776969，c-service@tup.tsinghua.edu.cn
质量反馈：010-62772015，zhiliang@tup.tsinghua.edu.cn
印 装 者：大厂回族自治县彩虹印刷有限公司
经　　销：全国新华书店
开　　本：145mm×210mm　　印　张：5.5　　字　数：103 千字
版　　次：2020 年 10 月第 1 版　　印　次：2022 年 1 月第6次印刷
定　　价：39.00 元

产品编号：087506-01

PREFACE ○ 序

20 世纪最伟大的数学家之一，德国的戴维·希尔伯特，曾经把数学定义为“关于无限的科学”。在数学家的眼里，经验的提示并不是数学，只有当经验寓于某种无限之中，才是数学。

“无限”常使人感到迷惘，“有限”却使人觉得实在！人们总把“无限”作为一种特殊性加以看待。其实，这是一种习惯的偏见，“无限”同样有其极为丰富的内涵。借助于康托尔的理论，我们甚至可以比较它们的大小！大多数的“有限”，正因其寓于无限之中而表现出更加充实的含义。诸如，无限过程的有限结果，无限步骤的有限推理，无限总体的有限个体，等等。这种无限中的有限，恰是数学科学的精华所在！

这本书既不打算也不可能对无限的理论做全面的叙述。作者的目的只是希望激起读者的兴趣，并由此引起他们自觉学习这一知识的欲望。因为作者认定，兴趣是最好的老师，一个人对科学的热爱和献身往往是从兴趣开始的。然而，人类智慧的传递是一项高超的艺术。从教到学，从学到会，从会到用，又从用到创造，这是一连串极为能动的过程。作者在长期实践中，有感于普通教学的局限和不足，希望能通过非教学的手段，实现人类智慧接力棒的传递。

基于上述目的，作者尽自己的力量完成了这套各自独立的趣味数学读物。它们是：《偶然中的必然》《未知中的已知》《否定中的肯定》《变量中的常量》《无限中的有限》《抽象中的形象》。这些书分别讲述概率、方程、逻辑、函数、极限、图形等有趣的故事。作者心目中的读者，是广大的中学生和数学爱好者，他们是衡量本书最为精确的天平。

本书中介绍的许多知识曾是数学中极为精彩的篇章。作者力图把这些内容叙述得生动有趣、通俗易懂，但每每感到力不从心。因此，对初学者来说，有些章节可能依然十分深奥。不过，如能多看几遍，定会有收获的！

由于作者水平有限，书中的错误在所难免，敬请读者不吝指出。

但愿本书能为人类智慧的传递铺桥开路！

张远南

2019 年 12 月

CONTENTS ○ 目录

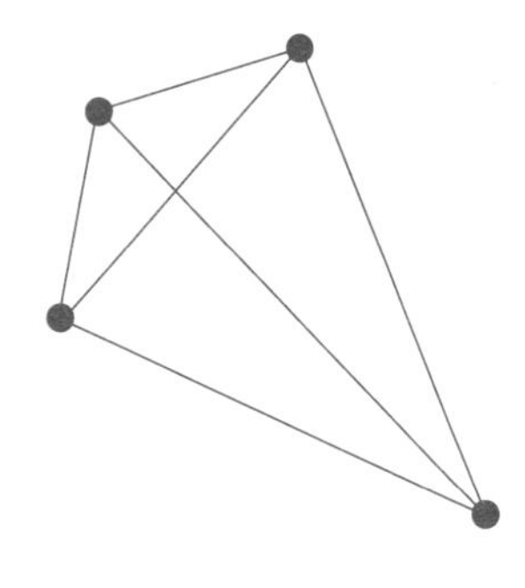

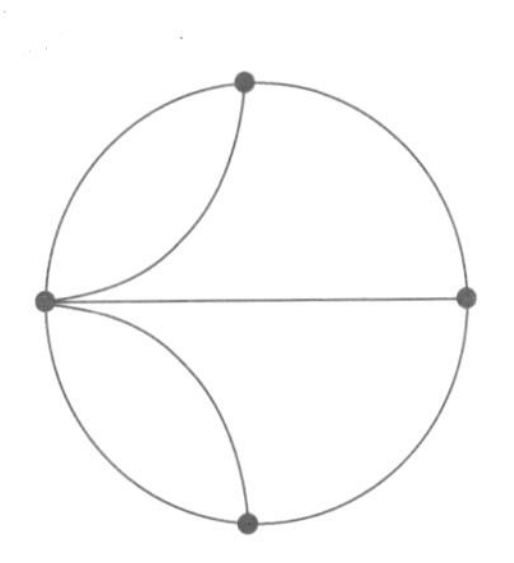

一、记数史上的繁花

我们中华民族一向具有乐观豁达的民族品质。古往今来，那广为流传的笑话艺术，便是这一优秀品质的佐证。下面一则脍炙人口的故事出自《笑府》，其流传之久远，少说已有数百年！故事的大意如下。

从前有个财主，自己目不识丁，于是请了个先生，教他儿子读书。

先生来了以后，先教财主的儿子描红。描一笔，先生就教道："这是'一'字。"描两笔，先生便教道："这是'二'字。"描三笔，先生又教道："这是'三'字。"

"三"字刚一写完，但见财主的儿子把笔一扔，一蹦一跳地找父亲去了，他说："爹！这字可太容易认了。我已都会了，用不

着再请先生了!”财主听了很高兴,便把先生辞掉了!

不久,财主准备请一个姓万的亲戚喝酒,便叫儿子写张请帖。不料过了许久,他还不见儿子把请帖拿来,只好亲自去房间催。

儿子见父亲来,便埋怨说:“天下姓氏多得很,为什么偏姓万呢?我一早到现在,写得满头大汗,也才描了五百多划,离一万远着呢!”

对于文明的人类,上面的故事自然是笑话。但读者可能未曾想到,这一令人捧腹的办法,在人类的记数史上,曾经一度相当先进!

人类最初对数的概念是“有”和“无”。在经历了漫长的岁月之后,才开始出现数字1、2、3,对大于3的数,则一概称之为“许多”。

我们这个星球上的文明有着惊人的相似,无论是东方还是西方,都有过结绳记数的历史。传说,古波斯王有一次去打仗,他命令将士们守一座桥,要守60天。为了把60这个数准确地表示出来,波斯王用1根长长的皮条,在上面系了60个扣。他对将士们说:“我走后你们一天解1个扣,什么时候解完了,你们的任务便完成了,就可以回家了!”《易经》曾记载了上古时期我们祖先“结绳而治”的史实。图 1.1 是甲骨文中的“数”字，它的右边表示右手，左边则是一根打了许多绳结的木棍。瞧！它多像一只手在打结呀！

图 1.1

1937 年，人们在罗马尼亚境内的维斯托尼斯发现了一根大约 40 万年前的幼狼桡骨，七英寸（17.78 厘米）长，上面刻有 55 道深痕。这是迄今为止最早的刻痕记数的历史资料。图 1.2 是我国北京郊区周口店出土的，大约 10 000 年前山顶洞人用的刻符骨管。骨管上的点圆形洞代表着数字 1，而长圆形洞，则很可能代表数字 10。如果考古学家最终证实这一猜想，那么图 1.2(a)、(b)、(c)、(d)，就分别表示数字 3、5、13、10。

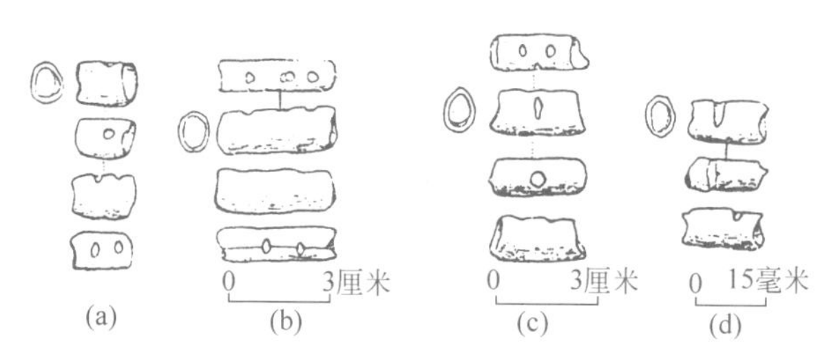

图 1.2

在记数史上，继绳结刀刻之后，最为光辉的成就莫过于用记号代表一个数字。罗马数字就是这种进步的早期产物，这一数字系统如今已经废弃了 500 多年！

大概由于人长着两只手，而每只手有着 5 个指头的缘故吧！古罗马人采用了以下的符号来表示数：

Ⅰ＝1　　Ⅱ＝2

Ⅲ＝3

V＝5　　X＝10

L＝50　　C＝100

D＝500　　M＝1000

记数时，采用加法和减法法则，即当数值较小的符号位于数值较大的符号后面时，两个符号数值相加；反之，则数值相减。例如，Ⅵ表示“5 加 1”，即 6；而Ⅳ则表示“5 减 1”，即 4；等等。这样，罗马符号

MCMLXXXVIII

MMCXV

MCXLII

即代表着数 1988，2115，1142。

尽管上述符号有点令人肃然起敬，但就实用而言，却远比古印度和古埃及人的发明来得逊色。后者是用专门的符号反复书写一定次数的办法表示数，例如，2115 在古埃及人写来则如图 1.3 所示。

𓆼𓆼𓍢𓎆𓏺𓏺𓏺𓏺𓏺

图　1.3

这种古老的记号显然是十进制的：1 个“𓆼”相当于 10 个“𓍢”；1 个“𓍢”相当于 10 个“𓎆”；而 1 个“𓎆”则相当于 10 个

“∩”。从右到左,各类符号“逢十进一”。这已经接近于十进制数位记法了。难怪,当先进的阿拉伯数字系统传到欧洲,那种由罗马数字构筑起来的记数堡垒,便立即土崩瓦解,并近于销声匿迹。

随着社会的发展和数范围的不断扩大,人们不得不想出更加简便的办法,以表示大数。有不少记号在历史上仅仅犹如昙花,显现一时。图 1.4 是公元 1000 年左右,俄国一些学者手稿中采用的记号,称为“斯拉夫数”。每个大数单位用一个字母表示,而在它的四周加上不同的边饰,以示区别。不过,自从用以 10 为底的指数表示的科学记数法诞生以来,人类的记数道路便一马平川了!

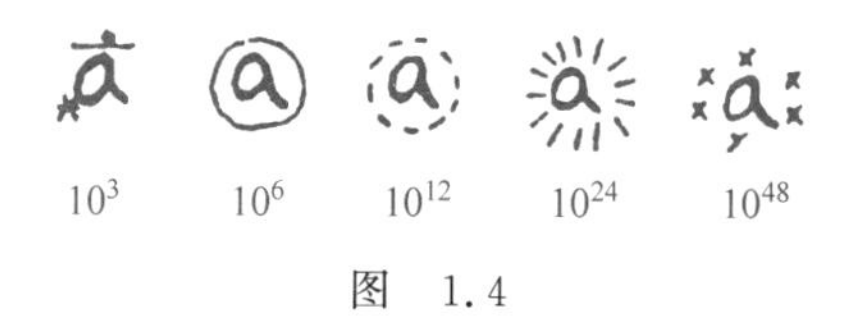

图 1.4

类似于古埃及的记数方法也同样出现在古代东方的中国。图 1.5 是我国云南省晋宁石寨山出土的一块青铜片的示意图。青铜片呈长方形,下残,上有图画文字,其中包括记数方法。片上有 3 种记数符号,即“—”“○”和“⊜”,分别代表个、十和百。例如,最上一段画着一个带枷的人,下面有 1 个“○”和 3 个“—”,表示这种带枷的人有 13 个。这大约是我国少数民族创造的一种记数制。

早在 4000 多年前,当我国刚刚进入奴隶社会时,就已出现

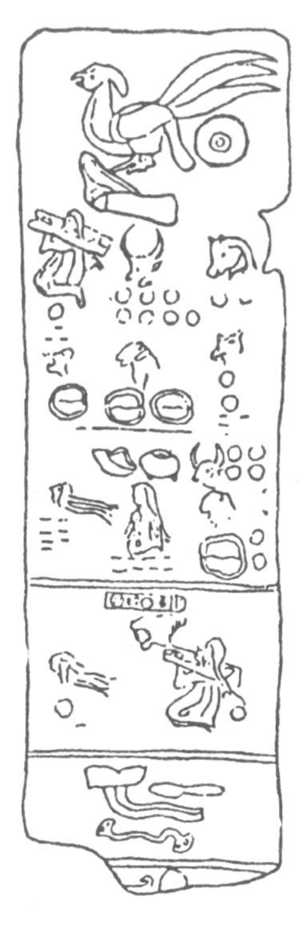

图　1.5

了相当完善的十进制记数系统。在3500多年前殷商时期的甲骨文中,便有1～10的文字表示,以及“百”“千”“万”等相应的符号,如图1.6所示。比起古罗马人和古埃及人,我们的祖先确实可以让我们引以为豪!

可以看出,图1.6所示的13个符号中的最后3个,与中文字“百”“千”“萬”的书写已很接近。只是代表“一万”的符号,为

图 1.6

什么如此像一只蝎子(图 1.7),实在令人难以捉摸！莫非史前有一个时期,这种其貌不扬的小动物曾经极度繁衍,肆虐一时?为此,上古人书其形,表其多,称之为“万”？事实究竟如何,只好留待史学家们去细细考查了！

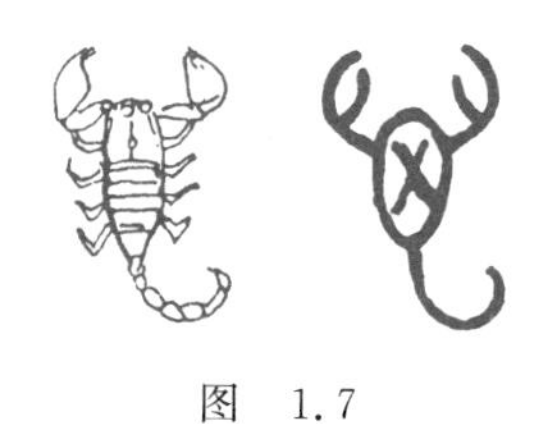

图 1.7

二、大数的奥林匹克

在“一、记数史上的繁花”中我们讲过，原始人对数的认识是极为粗糙的。就计数本领而言，即使那时的部落智者，也难以与当今的幼儿园小朋友相抗衡！

到了上古时期，人们仍满足于认识一些不大的数，因为这些数对于他们的日常生活已经足够了！罗马数字中最大的记号是 M，代表着 1000。倘若古罗马人想用自己的记数法表示如今罗马城市人口的话，那可是一项极为艰巨的任务。因为，无论他们在数学上是何等的训练有素，也只能一个接一个地写上数千个 M 才行！

不过，罗马数字后来随社会发展的需要而有所扩大。人们在某数字的上方加一条短横，用以表示该数的 1000 倍。例如，$\overline{\mathrm{V}}$ 表示 5000，$\overline{\mathrm{XC}}$ 表示 90 000 等。一天有 86 400 秒，86 400 这一

数字便可用上述记号写为

$$\overline{\text{LXXXVI}}\text{CD}$$

在三四千年前的古埃及和古巴比伦，10^4 已是很大的数了。那时的人认为，这样的数已经模糊得难以想象，因而称之为“黑暗”。几个世纪以后，大数的界限放宽到 10^8，即“黑暗的黑暗”，并认为这是人类智慧所能达到的顶点！

在我国，对约 3500 年前的殷墟的考古中，人们在兽骨和龟板上的刻辞里，发现了许多数字，其中最大的竟达“三万”。图 2.1(a)为出土的殷墟甲骨文字，图 2.1(b)是其上的数字对照。

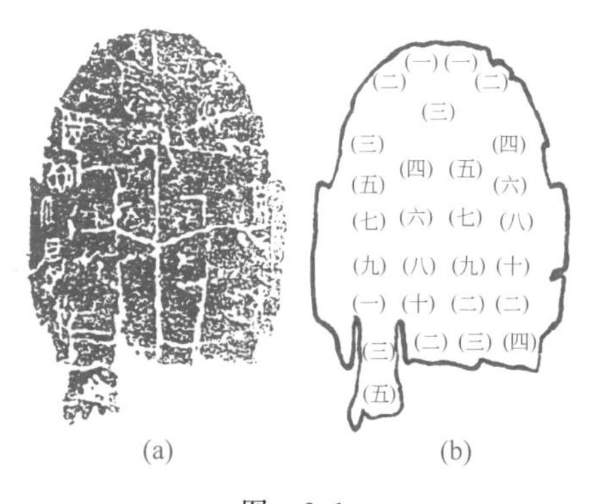

(a) (b)

图 2.1

很明显，大数的奥林匹克纪录是很难长时间地保持的。历史车轮的前进是怎样影响着人类的计数史，只要看一看下面的例子就足够了！

这是历史学家鲍尔记述的有关“世界末日”的古老传说：

在世界中心瓦拉纳西(印度北部的佛教圣地)的圣庙里,安放着一块黄铜板,板上插着3根宝针,细如韭叶,高约腕尺。梵天在创造世界的时候,在其中的一根针上,从下到上串着由大到小的64片金片。这就是所谓的梵塔。当时梵天授言:不论黑夜白天,都要有一个值班的僧侣,按照梵天不渝的法则,把这些金片在3根针上移来移去,一次只能移1片,并且要求不管在哪根针上,小片永远在大片的上面。当所有的64片金片都从梵天创造世界时所放的那根针,移到另外一根针上时,世界就将在一声霹雳中消灭,梵塔、庙宇和众生都将同归于尽!这便是世界的末日……

在以后的章节我们将会看到,要把梵塔上的64片金片全都移到另一根针上去,需要移动的总次数大约是

$$1.84\times10^{19}\text{ 次}$$

这需要夜以继日地搬动5800亿年!想必梵天在预言之初,也未必认真计算过。不过,上面的数字和我们将要遇到的大数相比,可的确小得可怜!

大约公元前3世纪，大名鼎鼎的古希腊数学家阿基米德（Archimedes，公元前287—前212），曾用他那智慧超群的脑袋，想出了一种书写大数的办法，并为此上奏当时叙拉古国王的长子格朗。这篇流芳千古的奏本，开头是这样写的：

王子殿下：有人认为无论是叙拉古还是西西里，或其他世上有人烟和无人迹之处，沙子的数目是无穷的。另一种观点是，这个数目不是无穷的，但想要表达出比地球上沙粒数目还要大的数字是做不到的。显然，持这种观点的人肯定认为，如果把地球想象成一个大沙堆，并将所有的海洋和洞穴统统装满沙子，一直装到与最高的山峰相平。那么，这样堆起来的沙子总数是无法表示出来的。但是，我要告诉大家，用我的方法，不但能表示出占地球那么大地方的沙子数目，甚至还能表示出占据整个宇宙空间的沙子总数……

阿基米德并没有言过其实，他果真算出了占据整个宇宙空间的沙粒总数为

$$10^{63}$$

这在当时可是一个大得足以将人吓出梦魇的数字！不过，那时阿基米德所认识的宇宙与现实的宇宙有很大不同。那个时代的天文学家错误地认为，恒星是固定在一个以地球为中心的大球面上。这个球的半径按照阿基米德的数据推算，大约为1.2光

阿基米德

年。而今天人们已经确切地知道，可观察宇宙半径为465亿光年以上，这一宇宙半径要比阿基米德的宇宙半径大大约 3.87×10^{10} 倍。所以实际上，要填满当今可观察宇宙所需要的沙粒数应为

$$10^{63}\times(3.87\times10^{10})^3=5.82\times10^{94}$$

值得一提的是，1940年一位美国作家爱·卡斯纳(E. Kasner)在一本科普书《数学和想象》中，引进了一个叫作googol的数。此数相当于100个10连乘，即 10^{100} 或 10^{10^2}。不知什么缘故，googol的出现，居然很快风靡全球，以至于如今的袖珍词典也收进了这个新词！

googol自然是一个极大的数，它比上面讲的填满当今可观察宇宙所需要的沙粒数要大大约17万倍！不过，它依然成不了大数“奥林匹克”的金牌得主，比它更大的数多得是。举例来说，围棋是人们喜爱的体育项目。围棋棋盘上有19×19=361个格点。从理论上讲，每个格点可以放白棋、黑棋，也可以不放棋子。这样，361个格点，每个格点有3种

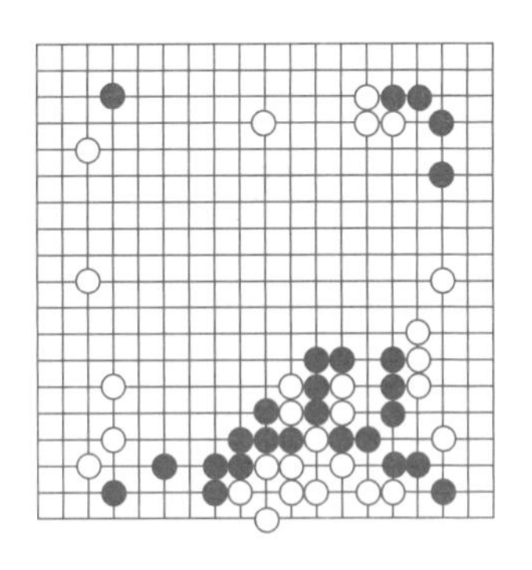

可能，共有 3^{361} 种可能的布局变化。用对数表计算一下就知道

$$3^{361} \approx 1.710 \times 10^{172}$$

这个数显然远远大于 googol。

直至 1955 年，数学家们所知道的最大的有意义的数，是南非开普敦大学史密斯教授在研究质数时发现的，它大约为

$$[((10)^{10})^{10}]^3 = 10^{300}$$

如今时间又过了 60 多年，以上的大数纪录已被一再刷新。为使读者弄清今日大数“奥林匹克冠军”宝座的归属，我们还得从“梅森质数”谈起。

马林·梅森（Marin Mersenne，1588—1648）是法国大数学家笛卡儿的同学，曾致力于寻找质数公式。1644 年，梅森指出，在形如 2^p-1 的式子中，存在许多质数。为叙述方便，我们把

$$M_p = 2^p - 1$$

称为“梅森数”，而把梅森数中的质数，称为“梅森质数”。

梅森本人一口气列出了 9 个“梅森质数”，它们是

$$M_2、M_3、M_5、M_7、M_{13}、M_{17}、M_{19}、M_{31}、M_{127}$$

人们至今仍不知道，梅森用什么办法去判定他所找到的数是质数。但梅森曾断言 M_{67} 和 M_{257} 是质数，却被后人否定了！当然验证工作是极为繁重和困难的。此外，数学家们还发现 M_{61}、M_{89}、M_{107} 也是质数，却被梅森遗漏了。

1962 年，人们借助电子计算机，又找到了 8 个梅森质数，其中最小的一个是 $M_{521} \approx 6.86 \times 10^{156}$，它已经大大超过了

googol！没过多久，美国伊利诺伊大学的数学家又找到了3个更大的梅森质数，其中最大的是$M_{11\,213}$，这个数大约为

$$M_{11\,213} \approx 2.81 \times 10^{3375}$$

这更是googol所望尘莫及的！

$M_{11\,213}$的冠军宝座尚未坐热，便已宣告下台，取而代之的是$M_{19\,937}$。此后，每过几年，冠军宝座都会轮番易主，到1996年11月冠军尚属$M_{1\,398\,269}$，而到1998年1月，却又换成$M_{3\,021\,377}$。2018年第50个梅森质数$M_{77\,232\,917}$刚被找到，在同年12月7日，人们又找到了第51个梅森质数$M_{82\,589\,733}$，这一长达24 862 048位的数，仍是目前人类认识大数的“最高”纪录。不过这一纪录能保持多久，世人正拭目以待！

三、“无限”的诞生

“无限”的思想，最早萌生于何时何地，如今已难确切查证。然而古希腊学者对于质数无限性的认识，至少已有2300年的历史。一个简单而完美的论证，载于欧几里得(Euclid，公元前330? —前275?)的名著《几何原本》第九卷。

为了让读者一览这位人类智慧巨匠的独特思想，我们引证一段精妙的原文。文中全部用几何的方式表述了一个纯粹数的问题！其中“测量”一词，即算术中的“除尽”。

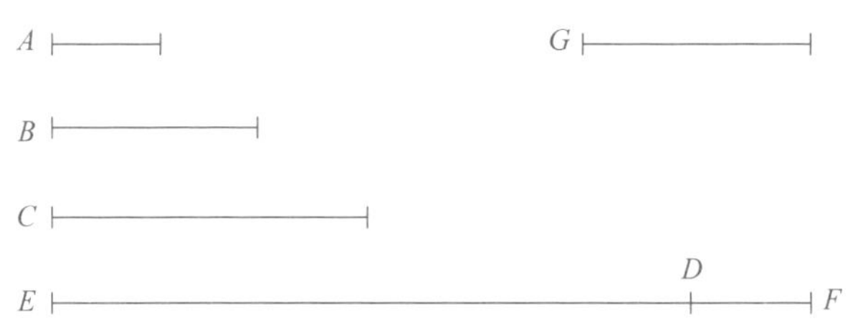

> 质数比任何给定的一批质数都多。
>
> 假设 A,B,C 是指定的质数；我说除了 A,B,C 之外还有其他的质数。事实上，取 A,B,C 所能测量的最小数，设它为 DE；把单位 DF 加到 DE 上。于是 EF 或者是质数或者不是。首先，假设 EF 是质数，那么我们已得到了质数 A,B,C,EF，它比质数 A,B,C 要多。其次假设 EF 不是质数，从而它必能被某个质数所测量。假设它能被质数 G 测量，我说 G 和数 A,B,C 都不相同。因为，如果可能的话，假定 G 和 A,B,C 中的某个数相同。那么由于 A,B,C 能测量 DE，所以 G 也能测量 DE，但 G 还能测量 EF。所以，G 作为一个数，它就能测量余数，也就是单位 DF；而这是荒谬的！所以，G 与 A,B,C 当中的任何一个数都不相同。并且，按照假设，G 是质数。所以我们就找到了质数 A,B,C,G，它比给定的一批质数 A,B,C 更多。

可能读者中有人会提出疑问，欧几里得的证明只提 3 个质数，这具有一般性吗？回答是肯定的！对多个质数的情形推理完全一样。改为数的表述，即若 $2,3,5,7,11,\cdots,P$ 为所有不大于 P 的质数，则

$$2\times3\times5\times7\times11\times\cdots\times P+1=N$$

数 N 要么是质数，要么所有的质因子都大于 P。

然而,欧几里得并不是提出“无限”概念的第一个人。在他之前约200年,另一位古希腊学者芝诺(Zeno of Elea,公元前490?—前430?)曾提出一个著名的“追龟”诡辩题。从中我们可以看到,当时人类对“无限”的认识及理解上的局限。

大家知道,乌龟素以动作迟缓著称,阿基里斯则是古希腊传说中的英雄,善跑的神,芝诺断言:阿基里斯与龟赛跑,将永远追不上乌龟!

芝诺的理由是,假定阿基里斯现在 A 处,乌龟现在 T 处。为了赶上乌龟,阿基里斯必须先跑到乌龟的出发点 T,当他到达 T 点时,龟已前进到 T_1 点;当他到达 T_1 点时,乌龟又已前进到 T_2 点,如此等等。当阿基里斯到达乌龟此前到达过的地方,乌龟已又向前爬动了一段距离。因此,阿基里斯是永远追不上乌龟的!如图3.1所示。

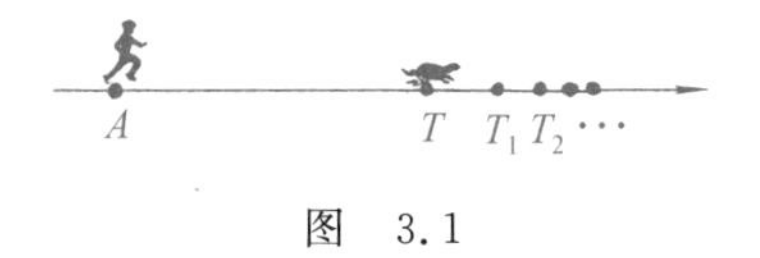

图 3.1

芝诺的论断显然与常理相悖。由于当时人类只有粗糙的“无限”观念,数学家们曾经错误地认为,无限多个很小的量,其和必为无限大。芝诺正是巧妙地钻了这个空子,把有限长的线段分成无限多个很小线段的和;把有限的时间可以完成的运动,分成无限多段很短的时间来完成。芝诺的“追龟”问题,无疑是向当时错误的“无限”观念提出了挑战。数学家们感到数学面临着潜在的危机!

后来人们终于弄清楚,要克服上述危机,需要一场观念上的革命。即无限多个很小的量的和,未必是无限大!无限地累加,也可能得出有限的结果!

让我们再看一看追龟问题。设阿基里斯的速度是乌龟速度的 10 倍,龟在前面 100 米。当阿基里斯跑了 100 米时,龟已前进了 10 米;当阿基里斯再追 10 米时,龟又前进了 1 米;阿基里斯再追 1 米,龟又前进$\frac{1}{10}$米;……于是,阿基里斯追上乌龟所跑的路程 S(单位:米):

$$S = 100 + 10 + 1 + \frac{1}{10} + \frac{1}{100} + \cdots$$

上式右端是无限多个很小量的和,然而它却是有限的!为了让读者理解这一点,我们先从等比数列的知识讲起。

一个数列,从第二项起,每项与前一项的比是个定值(公比),我们就称这个数列为等比数列。例如,在本丛书《否定中的肯定》一册所讲到的,国际象棋发明人印度宰相西萨·班向国王请求赏赐的著名问题,依格子顺序所需的麦粒数,便是一个等比数列(图 3.2):

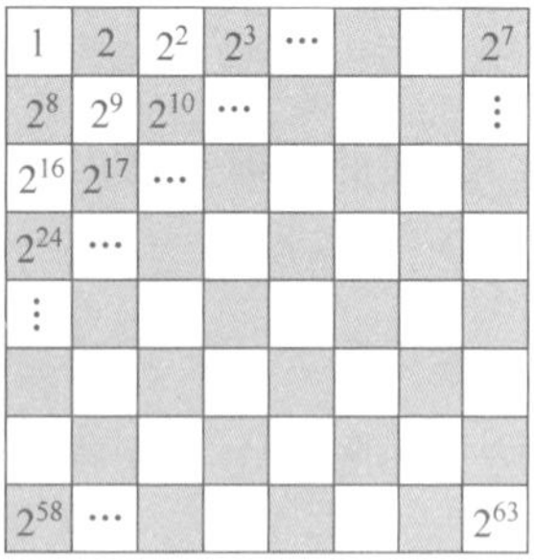

1	2	2^2	2^3	…			2^7
2^8	2^9	2^{10}	…				⋮
2^{16}	2^{17}	…					
2^{24}	…						
⋮							
2^{58}	…						2^{63}

图 3.2

$$1,2,2^2,2^3,2^4,\cdots,2^{63}$$

又如，中国古代“浮萍七子”的趣味问题。浮萍夜产七子(连同母萍)，则一叶浮萍，逐日应得浮萍数，也是一个等比数列：

$$1,7,7^2,7^3,7^4,\cdots$$

现在假定有一等比数列，第一项为 a，公比为 q：

$$a,aq,aq^2,\cdots,aq^{n-1}$$

怎样去求它们的前 n 项和 S_n 呢？一个颇为巧妙的办法是，把 S_n 乘以 q，然后错位相减，即

$$S_n=a+aq+aq^2+\cdots+aq^{n-1}$$

$$q\cdot S_n=aq+aq^2+aq^3+\cdots+aq^n$$

$$S_n(1-q)=a-aq^n$$

$$S_n=\frac{a(1-q^n)}{1-q}$$

这样，我们得出了一个很有用的公式。运用这个公式可算出西萨·班要求国王赏赐的麦粒总数为

$$\begin{aligned}S_{64}&=\frac{1\times(1-2^{64})}{1-2}=2^{64}-1\\&=18\,446\,744\,073\,709\,551\,615\\&\approx 1.845\times 10^{19}\end{aligned}$$

这些麦粒数，几乎等于全世界 2000 年内的小麦产量！

当等比数列的公比 q 的绝对值小于 1 时，数列的项无穷递缩，越来越趋近于 0。此时，虽然项数有无限之多，但它们的和

却是个有限的数。事实上，当 $0<|q|<1$ 时：

$$S=a+aq+aq^2+\cdots+aq^{n-1}+\cdots$$

$$=\lim_{n\to\infty}S_n=\lim_{n\to\infty}\frac{a(1-q^n)}{1-q}$$

$$=\frac{a}{1-q}$$

上式中的符号“$\lim\limits_{n\to\infty}$”表示一种无限中的有限。即“当 n 趋于无穷时某式的极限”。lim 是英语 limit（极限）一词的缩写。

应用上述公式可以算得追龟问题中阿基里斯的追及路程

$$S=100+10+1+\frac{1}{10}+\frac{1}{10^2}+\cdots$$

$$=\frac{100}{1-\frac{1}{10}}=\frac{1000}{9}(\text{米})$$

与古希腊相比，我们的祖先对“无限”的概念可要明确得多。几乎与芝诺处于同一时代的墨子（公元前 468？—前 376？）就曾提出过“莫不容尺，无穷也”的见解。也就是说，有这样一种量，用任意长的线段去量它，它都能容纳得下。这是明显的“无限”的思想。稍后于墨子的《庄子》一书，更提到“至大无外，至小无内”。前半句讲的是无限大，后半句讲的是无限小。该书《天下篇》中还有一句名言：

墨子

“一尺之棰，日取其半，万世不竭！”意思是，把长一尺的木棒，每天取下前一天所剩下的一半，如此下去，永远也不会取完。这相当于命题（图 3.3）：

若 $S_n=\frac{1}{2}+\frac{1}{2^2}+\frac{1}{2^3}+\cdots+\frac{1}{2^n}$

则 $\lim\limits_{n\to\infty}S_n=1$

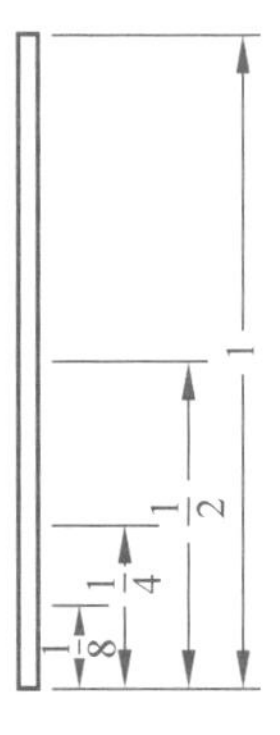

图 3.3

由此可见，早在公元前 4 世纪，我们的祖先就已具有相当明确的“无限”的概念！

四、关于分牛传说的析疑

在数学上，有时一些貌似复杂的问题，如从另一角度考虑，却显得十分简单。

对于今天的初中生来说，阿基里斯追龟问题毫无困难。他们之中谁也不会像芝诺那样去分段求和，而是如图 4.1 所示，假定阿基里斯的追及路程为 S，并由速度关系得出

$$S = 10(S - 100)$$

$$S = \frac{1000}{9}（米）$$

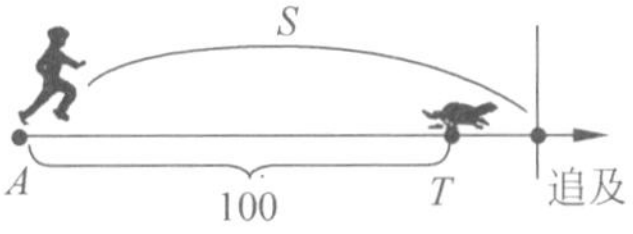

图 4.1

有趣的“蜜蜂通信员”是又一道这种类型的“难题”。甲乙两人相向而行。一只蜜蜂充当他们的通信员，不停地往返飞行于两者之间。已知甲和乙的速度分别为每分钟50米和每分钟70米，蜜蜂的飞行速度为每分钟100米。开始时甲乙两人相距1200米。问相遇时蜜蜂共飞行了多少路程？

从表面上看，这一问题相当复杂，因为蜜蜂飞行的路线是由无数段小路程连接而成。不过，倘若读者有足够的兴趣和耐心的话，是能够算出蜜蜂每段小路程飞行时间的！下面便是算得的结果，它只提供给感兴趣的读者作对照，一般人可以只看答案！

$$t_1=\frac{120}{17},\quad t_2=\frac{1}{3}\times\frac{120}{17},$$

$$t_3=\frac{120}{17^2},\quad t_4=\frac{1}{3}\times\frac{120}{17^2},$$

$$t_5=\frac{120}{17^3},\quad t_6=\frac{1}{3}\times\frac{120}{17^3},$$

……

这样，我们得到两组无穷逆缩等比数列：

$$\begin{cases} t_1, t_3, t_5, \cdots \\ t_2, t_4, t_6, \cdots \end{cases}$$

由此可以算得蜜蜂飞行的距离(单位：米)

$$\begin{aligned} S &= 100\times(t_1+t_2+t_3+t_4+\cdots) \\ &= 100\times[(t_1+t_3+t_5+\cdots)+(t_2+t_4+t_6+\cdots)] \end{aligned}$$

$$=100\times\left[\frac{\frac{120}{17}}{1-\frac{1}{17}}+\frac{\frac{1}{3}\times\frac{120}{17}}{1-\frac{1}{17}}\right]$$

$$=100\times10=1000$$

答案为 1000,即蜜蜂飞行了整整 1000 米!

读者大可不必为这一答案而感到惊讶。其实,结论是一眼便能看出来的!事实上,易知甲乙两人相遇时间需要 10 分钟,这期间蜜蜂以每分钟 100 米的速度不停地飞行,因而总共飞行了 100 米/分钟×10 分钟=1000 米。

下面是一则扑朔迷离的传说,其奥妙和趣味都远非前面的问题所能相比。

传说古代印度有一位老人,临终前留下遗嘱,要把 19 头牛分给 3 个儿子。老大分总数的$\frac{1}{2}$;老二分总数的$\frac{1}{4}$;老三分总数的$\frac{1}{5}$。按印度教的教规,牛被视为神灵,不能宰杀,只能整头分。先人的遗嘱更需无条件遵从。老人死后,三兄弟为分牛一事而绞尽脑汁,计无所出,最后决定诉诸官府。官员本是酒囊饭袋,遇到此等难事,自是一筹莫展,便以"清官难断家务事"为由,一推了之!

话说邻村住着一位智叟。一天,他路过三兄弟家门,见三人愁眉不展、唉声叹气。询问之下,方知如此这般。但见老人沉思片刻，说："这好办！我有 1 头牛借给你们。这样，总共就有 20 头牛。老大分$\frac{1}{2}$可得 10 头；老二分$\frac{1}{4}$可得 5 头；老三分$\frac{1}{5}$可得 4 头。你等三人共分去 19 头牛，剩下的 1 头牛再还我！"

真是妙绝了！一个曾经使人绞尽脑汁的难题，竟如此轻松巧妙地得以解决。这自然引起了当时人们的热议，并传为佳话，以致流传至今。

不过，后来人们在钦佩之余总带有一丝怀疑。老大似乎只该分 9.5 头，最后他怎么竟得了 10 头呢？

这件事终于惊动了数学家，他们决心把此事弄个水落石出！数学家们进行了如下计算：

19 头牛按老大$\frac{1}{2}$，老二$\frac{1}{4}$，老三$\frac{1}{5}$的份额去分，各人分别可得$\frac{19}{2}$头，$\frac{19}{4}$头和$\frac{19}{5}$头。这时显然没有分完，还剩下

$$\left(19-\frac{19}{2}-\frac{19}{4}-\frac{19}{5}\right)=\frac{19}{20}\text{头。}$$

所剩的牛自然仍要按遗嘱分给各人。于是老大又得$\frac{1}{2}\times\frac{19}{20}$头，老二又得$\frac{1}{4}\times\frac{19}{20}$头，老三又得$\frac{1}{5}\times\frac{19}{20}$头。计算一下便知道，牛仍未被分完，还剩下$\frac{19}{20^2}$头。于是还得如此这般，再按遗嘱规定去分。这个过程可以一直延续到无穷，只是每次所剩越来

越少罢了！

很明显，在上述过程中老大共分得牛数

$$S_1=\frac{19}{2}+\frac{1}{2}\times\frac{19}{20}+\frac{1}{2}\times\frac{19}{20^2}+\cdots$$

$$=\frac{\frac{19}{2}}{1-\frac{1}{20}}=10$$

同理，老二、老三所分牛数

$$S_2=\frac{19}{4}+\frac{1}{4}\times\frac{19}{20}+\frac{1}{4}\times\frac{19}{20^2}+\cdots$$

$$=\frac{\frac{19}{4}}{1-\frac{1}{20}}=5$$

$$S_3=\frac{19}{5}+\frac{1}{5}\times\frac{19}{20}+\frac{1}{5}\times\frac{19}{20^2}+\cdots$$

$$=\frac{\frac{19}{5}}{1-\frac{1}{20}}=4$$

数学家们终于用审慎的态度支持了智叟。他们宣告说，智叟的分牛结论是正确的！

看来，一场围绕分牛问题的风波已经接近尾声。不料没过多久，事情又有了戏剧性的变化！有人甚至对智叟的“动机”提出了疑义，他们认为智叟的做法充其量只是“瞎猫碰上死老鼠”而已。他们举例说，倘若老人留下的只是 15 头牛而不是 19 头牛，遗嘱规定的是老大分$\frac{1}{2}$，老二分$\frac{1}{4}$，老三分$\frac{1}{8}$。那么结果又将怎样呢？

设想智叟牵来一头牛，添成 16 头。按遗嘱，老大分 8 头，老二分 4 头，老三分 2 头。三人共分去 14 头牛。那么，智叟是否要把剩下的 2 头牛都牵回去？谁敢保证智叟没有“渔利”之嫌？！

他们说的不无道理！于是一个即将完美解决的问题又死灰复燃起来。经过几番争论，人们终于弄清楚了，智叟的办法确实带有某种盲目性！问题的症结不在于智叟是否牵牛来，或牵几头牛来又牵几头牛回去，而在于按遗嘱三兄弟所获牛数的比：

$$\frac{1}{2}:\frac{1}{4}:\frac{1}{5}=10:5:4$$

只要最后这个简单的整数比，能够将 19 整分，那么结果必然皆大欢喜，又何须再牵一头牛来？反之，若遗嘱中的简单整数比不能将牛数整分，那么纵然智叟有再高 10 倍的智商，也只能是一阵空忙！

上述结论不仅为人们提出了分牛问题的最佳答案：

$$\begin{cases} S_1 = 19 \times \dfrac{10}{10+5+4} = 10 \\ S_2 = 19 \times \dfrac{5}{10+5+4} = 5 \\ S_3 = 19 \times \dfrac{4}{10+5+4} = 4 \end{cases}$$

而且还能据此构造出许多类似的分羊、分兔等趣题。表 4.1 供有兴趣的读者自行设计题目时作参考。

表 4.1　分牛问题

项目	Ⅰ	Ⅱ	Ⅲ	Ⅳ	Ⅴ	Ⅵ	Ⅶ
遗产数	7	11	11	17	19	23	41
老大占比	$\frac{1}{2}$	$\frac{1}{2}$	$\frac{1}{2}$	$\frac{1}{2}$	$\frac{1}{2}$	$\frac{1}{2}$	$\frac{1}{2}$
老二占比	$\frac{1}{4}$	$\frac{1}{4}$	$\frac{1}{3}$	$\frac{1}{3}$	$\frac{1}{4}$	$\frac{1}{3}$	$\frac{1}{3}$
老三占比	$\frac{1}{8}$	$\frac{1}{6}$	$\frac{1}{12}$	$\frac{1}{9}$	$\frac{1}{5}$	$\frac{1}{8}$	$\frac{1}{7}$

五、奇异的质数序列

在历史上大约很难有哪一位数学家，能够与瑞士数学家莱昂哈德·欧拉(Leonhard Euler，1707—1783)相比拟。他勤勉而光辉的一生，为人类智慧的宝库增添了巨大的财富！

欧拉是才智和奋斗相结合的典范。他从19岁开始发表论文，直至76岁。50多年间，他共写出论文、论著868篇，其中有近400篇是在他双目失明后的17年间靠心算和口述写成的。在欧拉逝世后，彼得堡科学院为整理他的遗稿，足足忙了47年！

下面是欧拉关于质数无限性的精彩证明，其方法之重要与巧妙，绝非欧几里得证明所能相比的！读者可以看到，无限中有限的思想，在这位智者的笔下，是怎样闪烁着光芒！

大家知道，当$0<x<1$时，有

$$1+x+x^2+x^3+\cdots=\frac{1}{1-x}$$

从而

$$1+x+x^2+\cdots+x^n<\frac{1}{1-x}$$

若 P 为任一质数,则 $x=\frac{1}{P}<1$,有

$$1+\frac{1}{P}+\frac{1}{P^2}+\cdots+\frac{1}{P^n}<\frac{P}{P-1}$$

另一方面,在非常著名的自然数倒数的求和式中

$$1+\frac{1}{2}+\frac{1}{3}+\frac{1}{4}+\frac{1}{5}+\cdots$$

尽管后来的项越来越小,但其部分和却能无限地增大。

事实上,令

$$A_m=1+\frac{1}{2}+\frac{1}{3}+\cdots+\frac{1}{2^m}$$

则有

$$A_{m+1}-A_m=\left(\frac{1}{2^m+1}+\frac{1}{2^m+2}+\cdots+\frac{1}{2^{m+1}}\right)$$

$$>\frac{1}{2^{m+1}}\cdot 2^m=\frac{1}{2}$$

同理可得 $$A_m-A_{m-1}>\frac{1}{2}$$

$$A_{m-1}-A_{m-2}>\frac{1}{2}$$

……

$$A_2 - A_1 > \frac{1}{2}$$

$$A_1 - A_0 \geqslant \frac{1}{2}$$

以上各式相加，并注意到 $A_0 = 1$，则得

$$A_m - 1 > \frac{1}{2}m$$

这证明了当 m 增大时，A_m 能够无限地增大。

下面我们回到欧拉关于质数无限性的讨论上来。用反证法，假设质数序列是有限的，它们依序是

$$2, 3, 5, 7, 11, \cdots, P$$

于是，有

$$\begin{aligned} A_m &= 1 + \frac{1}{2} + \frac{1}{3} + \cdots + \frac{1}{2^m} \\ &< \left(1 + \frac{1}{2} + \frac{1}{2^2} + \cdots + \frac{1}{2^n}\right) \cdot \left(1 + \frac{1}{3} + \frac{1}{3^2} + \cdots + \frac{1}{3^n}\right) \cdot \\ &\quad \left(1 + \frac{1}{5} + \frac{1}{5^2} + \cdots + \frac{1}{5^n}\right) \cdot \cdots \cdot \\ &\quad \left(1 + \frac{1}{P} + \frac{1}{P^2} + \cdots + \frac{1}{P^n}\right) \end{aligned}$$

这是因为不等号左边式子分母的每一个数，都可以唯一地分解为若干质数的积，而这些积都对应着不等式右边式子展开后的某一个项。当然，在 m 确定之后，n 必须选择得足够大。显然，

右式对任何的 n 都小于 M_P：

$$M_P = \frac{2}{2-1} \cdot \frac{3}{3-1} \cdot \frac{5}{5-1} \cdot \cdots \cdot \frac{P}{P-1}$$

而 M_P 是一个固定的数。当 m 取很大值时必有

$$M_P < 1 + \frac{m}{2}$$

这样一来，我们同时有一串矛盾的不等式

$$1 + \frac{m}{2} < A_m < M_p < 1 + \frac{m}{2}$$

这表明原先假定质数序列有限是错误的。这便是欧拉关于质数无限性的证明！

看上去欧拉的证明似乎要比欧几里得的证明复杂很多，但数学家们谁也不在乎这个，他们莫不为欧拉的精妙构思所倾倒，因为他们从欧拉的证明中得到的东西，要远比命题本身多得多！

当然，欧几里得的证法也因其首次冲破质数无规律的障碍而载入史册。相同的方法可以用来证明质数序列中存在着很大的间隙。事实上，我们可以随心所欲地挑出一串足够长的连续合数，并把它插在两个质数的间隙之中！例如，我们希望插入 1000 个连续合数，可以先找出第一个大于 1000 的质数 1009，那么以下的 1000 个数

$$2 \times 3 \times 5 \times \cdots \times 1009 + 2,$$

$$2 \times 3 \times 5 \times \cdots \times 1009 + 3,$$

$$2 \times 3 \times 5 \times \cdots \times 1009 + 4,$$

$$2\times3\times5\times\cdots\times1009+5,$$

$$\vdots$$

$$2\times3\times5\times\cdots\times1009+1001$$

显然便是连续的合数。这意味着我们在质数序列中，至少找到了 1000 个数的间隙！

质数序列竟然如此稀稀拉拉，而且存在着要多长有多长的间隙，这是古希腊人连想也没有想过的！不过，质数之间也不是个个都离得很远。人们也发现了不少紧挨在一起的质数，如 3，5；5，7；11，13；17，19；29，31；…；10016957，10016959；…；1000000007，1000000009；…。这使得质数序列显得更加神秘莫测，并引起历史上众多无比优秀的数学家为此倾注了很多心血！

1830 年，法国数学家阿德利昂・玛利埃・勒让德（Adrier-Marie Legendre，1752—1833）猜想，小于 N 的质数个数 $\pi(N)$ 为

$$\pi(N)\sim\frac{N}{\ln N}$$

而号称“数学之王”的约翰・卡尔・弗里德里希・高斯（Johann Carl Friedrich Gauss，1777—1855），也几乎同时独立地猜出了

这一公式。从表 5.1 中可以看出，勒让德和高斯的猜想具有很高的精确度。

表 5.1　小于 N 的质数个数 $\pi(N)$

数值范围 1—N	质数数目 $\pi(N)$	猜想值 $N/\ln N$	偏离/%
$1\sim10^2$	26	22	−15.38
$1\sim10^3$	168	145	−13.69
$1\sim10^4$	1229	1086	−11.64
$1\sim10^5$	9592	8686	−9.45
$1\sim10^6$	78 498	72 382	−7.79
$1\sim10^7$	664 579	620 417	−6.65
$1\sim10^8$	5 761 455	5 428 613	−5.78
$1\sim10^9$	50 847 478	48 254 630	−5.10
…	…	…	…

然而，在很长的一段时间里，勒让德和高斯的结论依然停留在猜想上。只是在 20 年之后，大约 1848 年，俄国数学家帕夫努季·利沃维奇·切比雪夫（Пафнутий Львович Чебыппёв，1821—1894）取得了一些积极成果，但此后又沉寂了近 50 年。直到 19 世纪末，1896 年，智慧超群的法国数学家雅克·阿达马（Jacques Hadamard，1865—1963）和比利时数学家普森（Poussin）同时各自独立地取得了这一猜想的严格证明，并称之为“素数定理”（也称“质数定理”）。

“素数定理”同时独立地被提出，又同时独立地被证明，成为数学史上的佳话！鉴于阿达马的证明需要用到高深的知识，数学家们常常为此感到美中不足。人们为寻找更为简易的证明方法,又花去了50多年。1949年,素数定理的初等证明终于被找到。有趣的是,历史竟然又一次出现巧合,这次的证明又是由两位数学家同时而又独立地取得的!

还需要告诉读者的是,大凡有关质数分布的命题,包括前面讲的素数定理,其证明大都使用到欧拉在证明质数无限性时所创造的方法。这大概就是数学家们对欧拉的证明感到特别赞叹的原因!

欧拉的终年似乎也如同他超凡的智慧一般,富有预见性。1783年9月18日下午,欧拉为庆祝他计算气球上升定律的成功,请朋友在家聚会。正当他喝完茶与孙子逗笑时,突然间脸色骤变,但见他口中喃喃地说道:“我死了!”烟斗随即从手中落下,数学史上的一代巨星,竟在这般神奇的情景中陨落了!

六、"有限"的禁锢

在大数学家欧拉的众多著作中，人们竟然发现了一个错误。

欧拉曾经在应用牛顿的一个定理时，得到了一个与无穷递缩等比数列的求和一样的式子

$$\frac{1}{1-x}=1+x+x^2+x^3+\cdots$$

从而

$$\frac{x}{1-x}=x+x^2+x^3+x^4+\cdots \qquad (1)$$

另一方面，欧拉又推导

$$\frac{x}{x-1}=\frac{1}{1-\frac{1}{x}}=1+\frac{1}{x}+\frac{1}{x^2}+\frac{1}{x^3}+\cdots \qquad (2)$$

把以上两式相加，即得

$$\cdots+\frac{1}{x^3}+\frac{1}{x^2}+\frac{1}{x}+1+x+x^2+x^3+\cdots=0$$

然而,这是一个错误的式子。这是因为(1)式与(2)式成立各有不同的前提。

像欧拉这样伟大的数学家,居然会出现这样的错误,是因为,那个时代的人都不对无限的运算附加条件的缘故!

“有限”常常禁锢着人们的思想。大家习惯于把有限运算的法则,不知不觉地运用到无限运算中去。当人们为某些正确的成果而欢欣鼓舞的时候,往往忽略了思维中的潜在危险!

下面是一些十分有趣的循环算式计算。

如 $x=\sqrt{3\sqrt{5\sqrt{3\sqrt{5\sqrt{\cdots}}}}}$,这类循环算式是可以直接加以计算的,事实上

$$\begin{aligned}x&=3^{\frac{1}{2}+\frac{1}{2^3}+\frac{1}{2^5}+\cdots}\cdot 5^{\frac{1}{2^2}+\frac{1}{2^4}+\frac{1}{2^6}+\cdots}\\&=3^{\frac{\frac{1}{2}}{1-\frac{1}{4}}}\cdot 5^{\frac{\frac{1}{4}}{1-\frac{1}{4}}}\\&=3^{\frac{2}{3}}\cdot 5^{\frac{1}{3}}=\sqrt[3]{45}\end{aligned}$$

但如果注意到

$$x=\sqrt{3\sqrt{5x}}$$

则

$$x^4=45x$$

立得 $x=\sqrt[3]{45}$(舍去 $x=0$),这显然要简单得多。

又如无限连分数

$$x=1+\cfrac{1}{2+\cfrac{1}{1+\cfrac{1}{2+\ddots}}}$$

易知有

$$x=1+\cfrac{1}{2+\cfrac{1}{x}}$$

从而

$$2x^2-2x-1=0$$

$$x=\frac{1+\sqrt{3}}{2}\quad (x>0)$$

读者中可能很少有人会对上面运算的正确性表示怀疑。其实,这些计算必须以“循环算式的值”存在为前提。倘若不是这样,我们甚至会得出荒谬的结果!下面的例子在历史上是颇为有名的。

3个学生用3种不同的方法计算式子

$$1-1+1-1+1-1+\cdots$$

竟然得出各不相同的结果!

甲:原式$=(1-1)+(1-1)+(1-1)+\cdots$

$=0+0+0+\cdots=0$

乙:原式$=1+(-1+1)+(-1+1)+(-1+1)+\cdots$

$=1+0+0+0+\cdots=1$

丙:令 $x=1-1+1-1+1-1+\cdots$

$$\text{因为}\quad x=1-(1-1+1-1+1-1+\cdots)$$
$$=1-x$$
$$\text{所以}\quad 2x=1,x=\frac{1}{2}$$

亲爱的读者，依你之见，他们三人谁是对的呢？

要跨越“有限”的栅栏，需要一种异乎寻常的思考，下面一道问题的最终结果，可能会大大出乎人们的意料！

1799年，德国数学家高斯证明了代数学的一个基本定理，即 n 次方程必有 n 个根。对于一个简单的方程

$$x^2=x$$

我想读者都能准确无误地求出它的根：$x_1=1,x_2=0$。倘若有人告诉你，你所求的只是有限根，还有两个“无限”解没求出呢！对此，你一定会大感惊讶，然而这却是事实！

人们对于司空见惯的东西，常常感觉到天经地义。今天，当东方的中国人习惯于从左至右横写自己富有民族气息的方块文字的时候，在非洲大陆的埃及人却习惯于从右至左书写横行的阿拉伯文。算盘是我们祖先发明的，珠算的加法向来从左到右，而小学的笔算加法却是从右到左。人们已经同时习惯于两者，谁也不感觉其间有什么不合理的地方。照此看来，当我们记录某数，例如1988的时候，也就认定从左到右的书写顺序：

$$1 \rightarrow 9 \rightarrow 8 \rightarrow 8$$

即使从右至左地书写，也完全不必大惊小怪！

$$1 \leftarrow 9 \leftarrow 8 \leftarrow 8$$

现在假定我们的工作正是自右向左从个位数开始的。显然，要使 $x^2=x$，x 的个位数字只能是 1、5 或 6。如果同时考虑十位数的话，那么只有以下两种可能：

$$\begin{cases} x_1 = \cdots 25 \\ x_2 = \cdots 76 \end{cases}$$

为求 x_1 的百位数字，可令（k_1 为 0～9 的数字）：

$$x_1 = \cdots k_1 25$$

$$x_1^2 = (\cdots k_1)^2 \times 10^4 + 2 \times (\cdots k_1) \times 10^2 \times 25 + 25^2$$

$$= \cdots 625$$

因为 $x_1^2 = x_1$

所以 $k_1 = 6$

接下去再令

$$x_1 = \cdots l_1 625$$

$$x_1^2 = (\cdots l_1)^2 \times 10^6 + 2 \times (\cdots l_1) \times 10^3 \times 625 + 625^2$$

$$= \cdots 0\,625$$

又得 $l_1 = 0$

以上步骤可以一步一个脚印地做下去，得出一个满足 $x_1^2 = x_1$ 的无限长的“数”

$$x_1 = \cdots 2\,890\,625$$

从推导的过程容易看出，这个无限长的“数”等于

$$(((5^2)^2)^2)^{2\cdot^{\cdot^{\cdot}}}$$

求 x_2 的过程稍微复杂一些，但方法是一样的。令

$$x_2 = \cdots k_2 76$$

$$x_2^2 = (\cdots k_2)^2 \times 10^4 + 2 \times (\cdots k_2) \times 10^2 \times 76 + 76^2$$

$$= (\cdots k_2)^2 \times 10^4 + 15\,200 \times (\cdots k_2) + 5776$$

因为　$x_2^2 = x_2$

所以　$2k_2 + 7 = k_2 + 10, k_2 = 3$

从而　$$x_2 = \cdots 376$$

同样，我们可以求出 x_2 的后 4 位数为 9376；后 5 位数为 09 376；再下去又有 109 376；如此等等，一位一位数字地往前算，便得到另一个无限长的“数”

$$x_2 = \cdots 7\,109\,376$$

至此，一个极为普通的二次方程 $x^2 = x$ 除通常的 $x = 0$，$x = 1$ 两个解外，我们居然又找到了两个“无限”的解：

$$\begin{cases} x_1 = \cdots 2\,890\,625 \\ x_2 = \cdots 7\,109\,376 \end{cases}$$

这一有趣的结论，是足以使那些循规蹈矩的学生惊出一身冷汗的！即使大部分聪明的读者也难免对此感到意外，并对如今的方程理论，重做一番认真的思考。

由于 x_1 的右起各位数字可以通过下面的计算求得：

$$
\begin{aligned}
5 &= 5 \\
5^2 &= 25 \\
(5^2)^2 &= 625 \\
((5^2)^2)^2 &= **0\,625 \\
(((5^2)^2)^2)^2 &= ***\quad ***\quad *90\,625 \\
&\vdots \\
(((5^2)^2)^2)^{2\cdots} &= \cdots 2\,890\,625
\end{aligned}
$$

因此，我们完全不必一位接着一位地推算。上面那些式子的右边便是直接得到的结果。数字前的“*”是无效的数字，但求 x_2 却没有相应于上述的那种捷径。不过，表 6.1 却可以帮助你很快地通过 x_1 求得它！

表 6.1　通过 x_1 求 x_2

右起位数	x_1 的右起数字	x_2 的右起数字	左侧两栏和
1	5	6	11
2	25	76	101
3	625	376	1001
4	0625	9376	10 001
5	90 625	09 376	100 001
⋮	⋮	⋮	⋮
n	…	…	(10^n+1)

七、康托尔教授的功绩

成语“南柯一梦”的典故是很动人的，这个典故说的是：

东平书生淳于棼，平素好酒。居屋南面有古槐一株，枝干修密，清阴数亩。一日午后，与两友人会饮廊下，醉卧入梦。见紫衣使者两人，邀游“大槐安国”。深得国王青睐，配瑶芳公主。三年后官拜南柯太守，为政二十年，风化广被，百姓歌颂，甚得国王器重。于是，建功碑，立生祠，赐爵号，居台辅，贵极禄位，权倾一方。生五男二女，极尽天伦之乐。后公主遘疾，旬日亡过。淳于棼悲戚交加，又念离家多时，欲告老还乡，遂复由二紫衣使者送归。一觉醒来，但见斜日未隐，余樽犹温，二友人亦谈笑榻旁，梦中倏忽，若度一世！

读者在这里看到的是，短短的一顿饭时间，竟能与数十年的

岁月对等起来。不过，几百年来似乎没人对此持过异议，因为大家觉得那只是虚幻的梦而已！

倘若有人告诉你，一根头发丝上的点，和我们生活着的宇宙空间里的点一样多。对此，你可能感到不可思议！其实，只要挣脱“有限”观念的束缚，前面讲的一切都可能发生！

虽说人类早在两千多年前就认识“无限”，但真正接触“无限”本质的却鲜有其人。第一个有意识触及“无限”本质的，大约要算意大利科学家伽利略，他把全体自然数与它们的平方一个对一个地对应起来：

$$\begin{array}{cccccccc} 0 & 1 & 2 & 3 & 4 & 5 & 6 & \cdots \\ \updownarrow & \updownarrow & \updownarrow & \updownarrow & \updownarrow & \updownarrow & \updownarrow & \\ 0^2 & 1^2 & 2^2 & 3^2 & 4^2 & 5^2 & 6^2 & \cdots \end{array}$$

它们谁也不多一个，谁也不少一个，一样多！然而，后者很明显只是前者的一部分。部分怎么能等于整体呢？伽利略感到迷惑，但他至死也没能理出一个头绪来！

真正从本质上认识“无限”的，是年轻的德国数学家，29 岁的柏林大学教授乔治·康托尔(George Cantor,1845—1918),他的出色工作始于1874年。

乔治·康托尔

康托尔的研究是从计数开始的。他发现人们在计数时,实际上应用了一一对应的概念。例如,教室里有50个座位,老师走进教室,一看坐满了人,他便无须张三李四地一个个点名,即知此时听课人数为50。这是因为每个人都占一个座位,而每个座位都坐着一个人,两者成一一对应的关系。倘若此时空了一些座位,我们立即知道,听课学生少于50,这是因为"部分小于整体"的缘故。然而这只是有限情形下的规律。对于无限的情形,就像前面讲到的伽利略的例子一样,部分可能等于整体!这正是无限的本质!

经过深刻的思考,康托尔教授得出了一个重要结论,即如果一个量等于它的一部分量,那么这个量必是无限量;反之,无限量必然可以等于它的某一部分量。

接着,康托尔教授又引进了无限集基数的概念。他把两个元素间能建立起一一对应关系的集合,称为有相同的基数。例如伽利略的例子,自然数集与自然数平方的数集,有着相同的基数。康托尔教授正是从这些简单的概念出发,得出了许多惊人的结论。

例如，康托尔证明了在数轴上排得稀稀疏疏的自然数，能够与数轴上挤得密密麻麻的全部有理数。建立起一一对应的关系。也就是说，自然数集与有理数集有相同的基数！

下面是康托尔的证明。

先把全体有理数按图 7.1 排列，图中的每一个数都对应着唯一的一个有理数。反之，任何一个有理数也都可以在图中找到。图的构造细看自明。

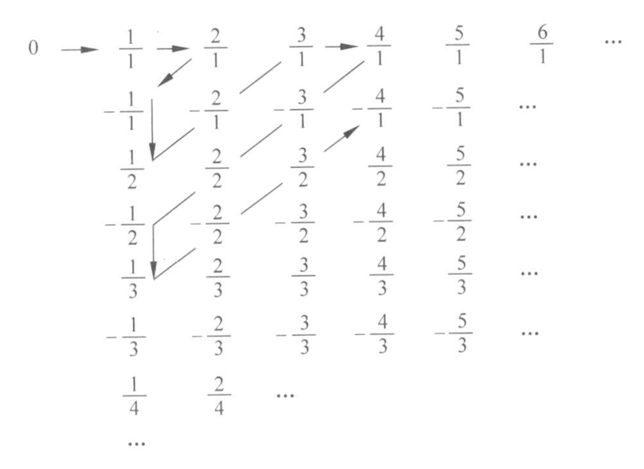

图 7.1

现在我们把图 7.1 中的数，按图 7.2 中箭头方向的顺序排成一串长队，删去与前面重复的数后，便得出已经排了队的全体有理数。

$$0,1,2,-1,\frac{1}{2},-2,3,4,-3,\cdots$$

它显然可以与自然数建立一一对应的关系。因此有理数集与自然数集基数相同。

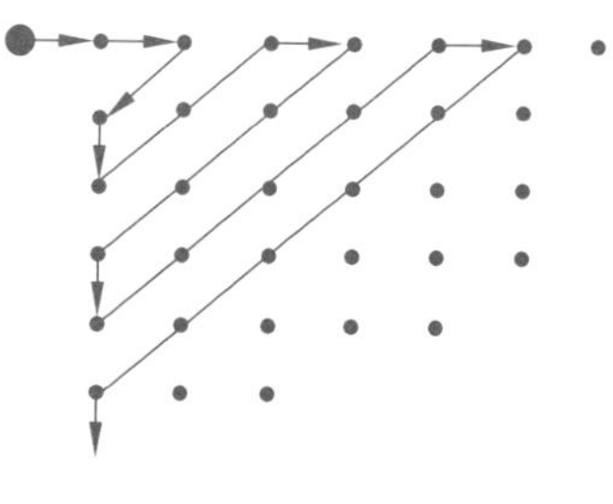

图 7.2

由于自然数集的元素是可以从一开始逐个点数的，所以凡是与自然数集基数相同的集合，都具备可数的特性。显然，可数集基数是继有限数之后紧挨着的一个超限数。为叙述方便，康托尔教授用希伯来字母“阿列夫”$\aleph$加上下标 0 来表示它。于是，我们有以下的基数序列：

$$1,2,3,4,5,\cdots,\aleph_0$$

这一序列后面还有没有其他的超限基数？答案是肯定的。因为倘若所有的无限集基数都相同，那么康托尔教授的理论也就无足轻重了！

下面我们再看一些令人惊异的例子。

图 7.3 可能是读者所熟悉的，它建立了圆周与直线上点的

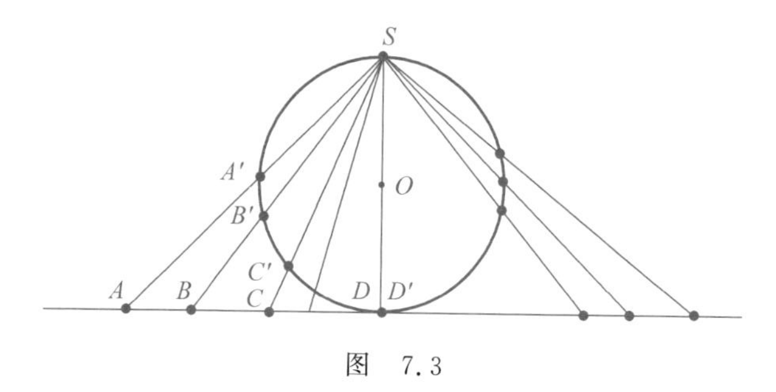

图 7.3

一一对应关系。这表明一个有限长圆周上的点,可同无限长直线上的点一样多!

更为神奇的是,我们还能得出,单位线段内的点,能与单位正方形内的点建立起一一对应关系。这一点远不是人人都能很清楚的。大概读者中也会有不少人对此表示诧异!

其实,道理也很简单。设单位正方形内点的坐标为(α,β),其中α,β写为十进小数是

$$\begin{cases}\alpha=0.a_1a_2a_3a_4\cdots\\ \beta=0.b_1b_2b_3b_4\cdots\end{cases}$$

令

$$\gamma=0.a_1b_1a_2b_2a_3b_3\cdots$$

则γ必为(0,1)内的点。反过来,单位线段内部的任一点γ^*:

$$\gamma^*=0.c_1c_2c_3c_4c_5c_6c_7c_8\cdots$$

它对应着单位正方形内部的唯一一个点(α^*,β^*):

$$\begin{cases}a^*=0.c_1c_3c_5c_7\cdots\\ \beta^*=0.c_2c_4c_6c_8\cdots\end{cases}$$

这样,我们也就证明了一块具有一定面积的图形上的点,可同面积为零的线段上的点一样多!如图7.4所示。

瞧!康托尔的“无限”理论是多么奇特,多么与众不同,又多么与传统观念格格不入!难怪康托尔的理论从诞生的那一天起,便受到了习惯势力的抵制。有人甚至骂他是疯子,连他所敬重的老师,当时颇负盛名的数学家克罗内克(Kronecker,1823—

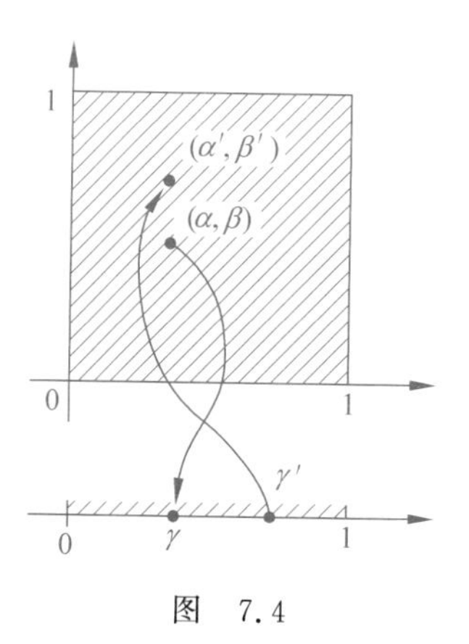

图 7.4

1891),也宣布不承认康托尔是他的学生!精神上的巨大压抑,激烈论战的过度疲劳,终于超出康托尔所能忍受的限度。1884年,康托尔的精神崩溃了!此后他时时发病,并于1918年1月6日逝世于萨克逊州的一所精神病医院。

然而,历史是公正的。康托尔的理论并没有因歧视和咒骂而泯灭!如今,康托尔所创立的集合论已成为数学发展的基础。康托尔使人类从本质上认识了“无限”。人们将永远缅怀他的不朽功绩!

八、神奇的无限大算术

德国数学家戴维·希尔伯特(David Hilbert,1862—1943),曾经讲过一个关于“无限”的非常精彩的故事:

我们设想有一家旅店,内设有限个房间,而所有的房间都已客满。这时来了一位新客,想订一个房间。旅店老板会怎么说呢?他只好讲:

“对不起,房间都住满了,请另想办法吧!”

现在再设想另一家旅店,内设无限个房间,所有房间都住满客人。这时也有一位新客来临,想订个房间。这时却听到旅店老板说:

“不成问题!”

接着,他就把一号房间的旅客移到二号;二号房间的旅客移到三号；三号房间的旅客移到四号；以此类推。在经过一场大搬家之后，一号房终于被腾出来。新客就被安排在一号房里。

不久，突然来了无穷多位要求订房间的客人。怎么办呢？老板急中生智，又想出了妙法：

"好的，先生们，请稍等一会儿。"老板说。

接着，他通知一号房间的旅客搬到二号房；二号房间的旅客搬到四号房，三号房间的旅客搬到六号房；四号房间的旅客搬到八号房；以此类推。

现在，所有单号的房间都腾出来了！新来的无穷多位旅客，便可以安稳地住进去了！

希尔伯特的这个故事，真是把"无限"的特性刻画得惟妙惟肖！它说明了一个真理：可数集加一个或几个元素仍是可数集；可数集加上可数个元素还是可数集。用符号表示就是

$$\aleph_0 + 1 = \aleph_0$$

$$\aleph_0 + n = \aleph_0$$

$$\aleph_0 + \aleph_0 = \aleph_0$$

显然，这是迥异于有限数运算的奇特算术，它便是无限大的加法。

下面我们再研究$\aleph_0$的乘法运算。先从有限数的乘法讲

起。如图 8.1 所示,这里有 4 行,每行各表示一种图形,分别是○,△,▽,□。又各行都有 5 种不同的花饰,分别是白、重边、阴影、阴阳、黑。从基数的观点看,以上图形和花饰的配合,构成了一个简单的算术乘法:

$$5 \times 4 = 20$$

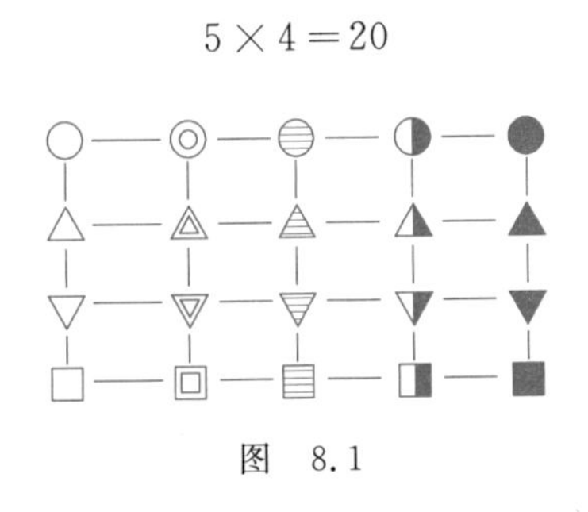

图 8.1

现在设想有两个无限集合

{○,△,▽,□,…}

{白,重边,阴影,阴阳,黑,…}

它们的元素个数分别等于已知的基数。那么很自然,两个基数的积可以定义为,由两个集合元素配合而得到的新集合的基数。下面列出了新集合的所有元素。这个新集合的基数,应用上一节故事中证明有理数可数时用过的那张图(图 8.2)。

(○,白),(○,重边),(○,阴影),…

(△,白),(△,重边),(△,阴影),…

(▽,白),(▽,重边),(▽,阴影),…

可知为 $\aleph_0$。所得结果写成式子是

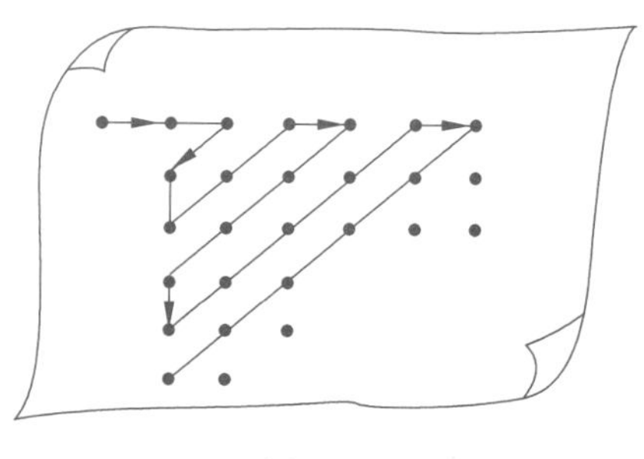

图 8.2

$$\aleph_0 \times \aleph_0 = \aleph_0$$

由于 $2\times\aleph_0$，$3\times\aleph_0$，等等，不可能有比 $\aleph_0\times\aleph_0$ 更大的基数，从而也就意味着对于正整数 n 有

$$n \times \aleph_0 = \aleph_0$$

举例来说，相应于基数为 2 的集合为 $\{+,-\}$，相应于基数为 $\aleph_0$ 的集合为自然数集，则 $2\times\aleph_0$ 便意味着整数集合

$$\{0,1,-1,2,-2,3,-3,\cdots\}$$

的基数等于 $\aleph_0$，这是大家早已知道的！

至此，我想读者已经领略到"阿列夫零"王国领地的辽阔。纵然我们采用了加法和乘法的手段，也没能超越出 $\aleph_0$ 的管辖范围。这使人想起了《西游记》中那个神通广大的孙行者，他一个筋斗虽能翻出十万八千里，但却依然没能翻出如来佛的掌心。这个如来佛的手掌，便宛如我们今天的 $\aleph_0$！看来，要跳出 $\aleph_0$ 的圈子，必须找到比乘法更为有效的运算才行。

下面是一道明显的错题，它可以帮助人们弄清有限算术和无限算术的界限。

有人做了以下推理：

因为 $$2\aleph_0=\aleph_0$$

所以 $$2=\aleph_0/\aleph_0=1$$

亲爱的读者，你知道错在哪里吗？

为了让读者一睹 $\aleph_0$ 在应用上的风采，我们介绍一个数学史上的重大发现。

1851 年，法国数学家约瑟夫·刘维尔(Joseph Liouville, 1809—1882)首次证明了“超越数”的存在。

什么是“超越数”？如果一个实数，满足形如

$$a_nx^n+a_{n-1}x^{n-1}+\cdots+a_2x^2+a_1x_1+a_0=0$$

的整系数代数方程($a_n\neq0$)。那么，这个实数就叫“代数数”。实数中除代数数之外，其余的数都是超越数。代数数范围很广，像 $\frac{3}{5},\sqrt[3]{7},\sqrt{2+\sqrt{2}},\cdots$都是代数数。被人类所认识的第一个超越

数是刘维尔找到的，后来就叫刘维尔数。它是一个无限小数，其中的 1 分布在小数后第 1,2,6,24,120,720,5040 等处：

$$L = 0.110\,001\,000\,000\,000\,000\,000\,001\,000\cdots$$

刘维尔的论证是艰难的。不过，在 170 年后的今天，应用神奇的无限大算术，人们可以相当轻松地证明超越数的存在！事实上，在整系数代数方程

$$a_n x^n + a_{n-1} x^{n-1} + \cdots + a_1 x + a_0 = 0 \quad (a_n \neq 0)$$

中，$(n+1)$ 个系数都只能取整数值，因此这样方程集合的基数应当为

$$\aleph_0^{n+1} \quad (n = 1,2,3,\cdots)$$

而对于全部的整系数代数方程，其集合的基数应当为

$$\begin{aligned} & \aleph_0 + \aleph_0^2 + \aleph_0^3 + \cdots + \aleph_0^{n+1} + \cdots \\ = & \aleph_0 + \aleph_0 + \aleph_0 + \cdots + \aleph_0 + \cdots \\ = & \aleph_0 \times \aleph_0 = \aleph_0 \end{aligned}$$

另一方面，每个 n 次方程最多只能有 n 个根。因而代数数的基数应当不大于

$$\aleph_0 \times \aleph_0 = \aleph_0$$

也就是说，代数数是可数的！

在“九、青出于蓝的阿列夫家族”中我们将会看到，实数集是不可数的。这表明实数中除代数数外，必有许多非代数数的存在。这就是超越数存在性的证明！倘若刘维尔能够有幸活到今天，他定然会为如此简单而巧妙的证明感慨万千的！

超越数虽然有很多，但具体的超越性判定却很难！在中学最常见的两个超越数是自然对数的底 e 和圆周率 π：

$$e=2.718\,281\,82\cdots$$

$$\pi=3.141\,592\,65\cdots$$

它们的超越性是由法国数学家查理斯·埃尔米特（Charles Hermit，1822—1901）和德国数学家费迪南德·林德曼（Ferdinand Lindemann，1852—1939），分别于 1873 年和 1882 年证明的！

九、青出于蓝的阿列夫家族

在“七、康托尔教授的功绩”中我们曾经讲过，倘若所有的无限集只有一个基数，那么康托尔的理论也就无足轻重了！

实际上，比$\aleph_0$更大的基数是存在的。不过，要想跳出$\aleph_0$的圈子，光靠加法和乘法是远远不够的！我们还必须找到比加法和乘法更为“神通广大”的手段。

想必读者在学习代数中都有体会，乘方运算要比加法和乘法运算有力得多，请看下例：

$$2^1=2$$

$$2^2=2\times 2=4$$

$$2^3=2\times 2\times 2=8$$

$$2^4=2\times 2\times 2\times 2=16$$

当 n 增大时，2^n 迅速增大。2^{10} 刚刚超过 1000，而 2^{20} 已经逾越百万。这是加法、乘法运算所望尘莫及的。看来，利用乘方运算或许能帮助我们摆脱 $\aleph_0$ 锁链的禁锢！

不过，在集合中这种乘方是什么含义呢？

还是让我们先看看有限的情形吧！大家知道，一个单元素的集合，其子集共有 2 个，即空集 $\varnothing$ 和其本身；一个双元素的集合，易知其子集有 4 个，即 2^2 个；而一个有 3 个元素的集合 $\{a, b, c\}$，它的全部子集可以求得，共有 $8=2^3$ 个，列式如下：

$$\begin{cases}\varnothing \\ \{a\},\{b\},\{c\} \\ \{a,b\},\{b,c\},\{a,c\} \\ \{a,b,c\}\end{cases}$$

那么，一个具有 n 个元素的集合

$$P=\{a_1, a_2, a_3, \cdots, a_n\}$$

它的全部子集是否有 2^n 个呢？我们说：是的！事实上，可以这样来构造 P 的子集：

元素 a_1 要么取，要么不取；

元素 a_2 要么取，要么不取；

元素 a_3 要么取，要么不取；

⋮

元素 a_n 要么取，要么不取。

由于每个元素都有“取”与“不取”两种可能，因此它们之间

共有 2^n 种不同的组合。每种元素的组合都构成了一个子集，所以集合 P 共有 2^n 个子集。以这 2^n 个子集为元素的大集合，我们称为集合 P 的幂集。显然，如果集合 P 的基数为有限数 n，则幂集的基数为 2^n。

现在我们把幂集的概念推广到无限集中去，把无限集的全体子集构成的集合也称为幂集。假定某无限集的基数为 $\aleph_0$，那么它的幂集的基数也可以写为 $2^{\aleph_0}$ 形式。问题在于 $2^{\aleph_0}$ 等于多少？它能比 $\aleph_0$ 更大吗？

1874 年，康托尔论证了幂集的无穷大级别大于原集的无穷大级别。特别地，我们有

$$2^{\aleph_0} > \aleph_0$$

好！康托尔教授终于使我们跳出了 $\aleph_0$ 的圈子。下面让我们再欣赏一下他巧妙的证明思路。

首先，康托尔提出反设 $2^{\aleph_0} = \aleph_0$。这表明集合 $\{1,2,3,\cdots\}$ 的子集个数和该集合的元素个数正好一样多。下面我们证明，

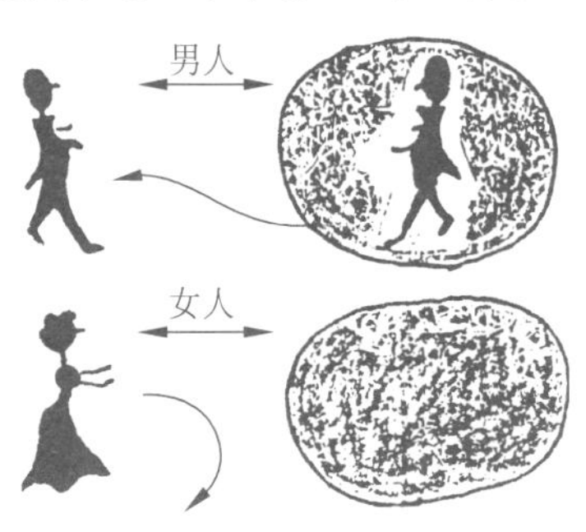

从这一反设出发将会引出矛盾。

为了避免枯燥无味的叙述，使论证显得更有生机一点，我们假设集合{1,2,3,…}的元素是一个个活生生的人，而它的子集则是一组组人群。在人与人群之间已经建立了一一对应的关系。也就是说，每一个人都对应着一组人群，而每一组人群也都对应着一个确定的人。

现在我们再做一些有趣的规定：如果一个人恰好在他所对应的人群中间，这样的人我们称为“男人”，如果一个人不在他所对应的人群中间，这样的人我们就称为“女人”。显然，不管是哪一个人，要么是“男人”，要么是“女人”，二者必居其一！

容易明白，所有的女人也组成一个人群。这个“女人”群自然也应当有一个人同其对应。现在我们要问，这个与“女人”群对应的人，本身是“男人”呢？还是“女人”？

这个有趣问题的答案，可能会使你感到很惊讶！

首先，这个与“女人”群对应的人绝不可能是“男人”。因为如果是“男人”，他必须在所对应的人群之中。但他所对应的人群，其中全是“女人”，怎么会杂进一个“男人”呢？

其次，这个与“女人”群对应的人也不可能是“女人”。因为根据定义，“女人”必须不在她所对应的人群之中。但“女人”群中包含着所有的“女人”，那个与其对应的“女人”自然也不例外。所以此人也绝非“女人”！

可是，我们前面说过，每个人非男即女。但到头来竟然出现

了“不男不女”的人！那么问题出在哪里呢？原来就出在假设“人与人群一样多”这句论断上！这意味着，反设 $2^{\aleph_0}=\aleph_0$ 是错误的。由于 $2^{\aleph_0}$ 不可能小于 $\aleph_0$，因此有 $2^{\aleph_0}>\aleph_0$。

这样一来，我们得到了一个比 $\aleph_0$ 更大的数 $2^{\aleph_0}$，康托尔把它记为 $\aleph_1$。利用求幂集的手段，我们又可以得到比 $\aleph_1$ 更大的超限基数 $\aleph_2$，$\aleph_3$，以此类推：

$$\aleph_2=2^{\aleph_1}=2^{2^{\aleph_0}}$$

$$\aleph_3=2^{\aleph_2}=2^{2^{\aleph_1}}=2^{2^{2^{\aleph_0}}}$$

就这样，康托尔找到了一个“青出于蓝而胜于蓝”的无穷大家族：

$$\aleph_0,\aleph_1,\aleph_2,\aleph_3,\aleph_4,\cdots$$

阿列夫家族的第一代 $\aleph_0$，便是大家熟知的可数集基数，阿列夫家族的第二代 $\aleph_1$ 表示什么呢？读者很快便会看到，$\aleph_1$ 等于全体实数的数目。

在本丛书的《否定中的肯定》一册，我们介绍过，任何一个实数都可以写成二进制数。反之，任何一个二进制数都表示一个实数。特别地，一个二进制小数，表示[0,1]区间内的一个数。例如：

$$\begin{aligned}&0.1101001\cdots\\&=\frac{1}{2}+\frac{1}{2^2}+0+\frac{1}{2^4}+0+0+\frac{1}{2^7}+\cdots\\&=0.5+0.25+0.0625+0.0078125+\cdots\\&=0.082\cdots\end{aligned}$$

很明显，在可数集

$$Q=\{a_1,a_2,a_3,\cdots\}$$

的子集和二进制小数之间，我们能够建立起一一对应的关系。办法是，如果某子集包含 Q 中的某个元素，则在与该元素对应的小数位上写 1，否则写 0。如 Q 的子集

$$\{a_1,a_3,a_4,a_8,a_{10},\cdots\}$$

则与其对应的二进制小数为

$$0.1011000101\cdots$$

反过来，任一个二进制小数也对应着一个确定的 Q 的子集。如 0.1101001…对应着 Q 的子集

$$\{a_1,a_2,a_4,a_7,\cdots\}$$

以上表明，Q 的所有子集与二进制小数有相同的数目。这一结论，换成另一种表述，即[0,1]线段上的点的数目有 $2^{\aleph_0}=\aleph_1$ 个。

不过，需要指出，到目前为止，人们也只找到前 3 个无穷大

的现实表示。除$\aleph_0$表示所有的整数和分数的数目之外，$\aleph_1$表示线、面、体上所有几何点的数目，$\aleph_2$表示所有曲线的数目。比$\aleph_2$更大的无穷大，虽然极尽人类的智慧和想象，但到今天为止，也没有人能够说出一个眉目来！图 9.1 表示的是无穷大数的前三级。

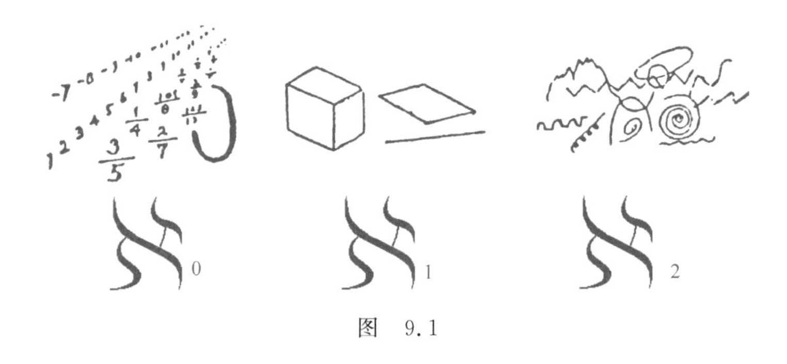

图 9.1

十、令人困惑的"连续统"之谜

读者在"九、青出于蓝的阿列夫家族"一节已经看到，比可数个无穷大更大的无穷大不仅存在，而且还有整整一个"家族"。它们个个青出于蓝，一个大过一个！在那里，我们还证明了区间[0,1]上的实数是不可数的，它的无穷大级别为 $2^{\aleph_0}=\aleph_1$。这一节我们将从不同的角度，重新证实这一结论。当我们完成这项工作的时候，将会惊异地发现，所得的结果已经远远超越了"殊途同归"的含义。

新的证明依然从反设开始。假定区间 $\Delta=[0,1]$上的点是可数的，它们已按某种规则排成一列：

$$\alpha_1,\alpha_2,\cdots,\alpha_n,\cdots$$

把 Δ 分为相等的三部分：$\left[0,\frac{1}{3}\right]$，$\left[\frac{1}{3},\frac{2}{3}\right]$，$\left[\frac{2}{3},1\right]$。显然，这

三部分中至少有一部分不含 α_1 点。我们选定一个不含 α_1 点的部分,记为 Δ_1。接下去我们又把 Δ_1 分成 3 个小部分,又取其中不含 α_2 的一小部分,记为 Δ_2,以此类推,这样的过程可以无限地延续下去,结果得出一串一个套着一个,并且越来越小的区间序列

$$\Delta \supset \Delta_1 \supset \Delta_2 \supset \Delta_3 \supset \cdots$$

上述的区间序列最终套缩为区间[0,1]上的某个确定点 ξ。这一点 ξ 自然应当是集合 $\{\alpha_n\}$ 的一个元素,不妨令 $\xi=\alpha_K$,如图 10.1 所示。

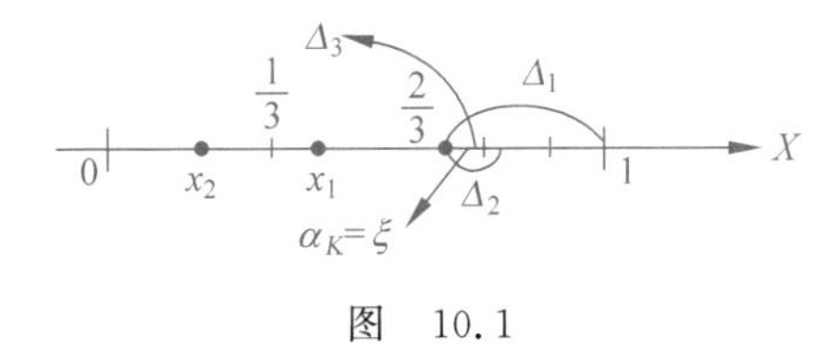

图 10.1

这样,一方面根据 Δ_n 的选取得知 $\alpha_K \notin \Delta_K$;另一方面由区间套的性质又有 $\alpha_K=\xi \in \Delta_K$。上述矛盾表明,假设区间[0,1]上的点“可数”是错误的。这便是实数集不可数的又一种证明!

我们还可以通过以下的方法,使上述证明变得更为直观。令

$$\alpha_1 = 0.\mathbf{2}45\ 087\cdots$$

$$\alpha_2 = 0.3\mathbf{0}7\ 762\cdots$$

$$\alpha_3=0.95\mathbf{5}\,451\cdots$$

$$\alpha_4=0.107\,\mathbf{0}78\cdots$$

$$\alpha_5=0.202\,1\mathbf{6}9\cdots$$

$$\alpha_6=0.893\,32\mathbf{1}\cdots$$

……

现构造一个小数 ξ，使 ξ 的相应数位上的数字，恰与上面式子中对角线上的黑体数字构成以下关系：凡黑体数字非零，则 ξ 相应数位上的数字为 0；凡黑体数字为零，则 ξ 相应数位上的数字为 1。即

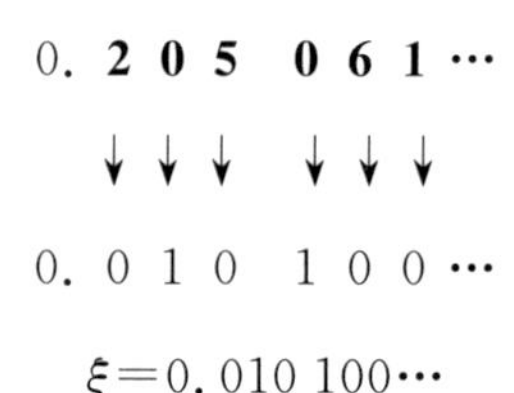

从而 $$\xi=0.010\,100\cdots$$

显然，数 ξ 不可能等同于 $\{\alpha_n\}$ 中的任何一个。事实上，ξ 与 α_K 之间至少小数点后第 K 位数字是不相同的。你非 0，我则 0；你为 0，我则 1。

由于 $\{\alpha_n\}$ 包含了 $[0,1]$ 间的任一实数，从而有

$$\xi\in[\alpha_n]$$

这与前面的结论明显矛盾，从而证得 $[0,1]$ 上实数“可数”的反设是错误的！这是实数不可数的另一种证明。

由于 $[0,1]$ 上的实数代表着连续的点，因此历史上常用记号

C 表示这种无穷大的基数，称为连续统基数。这里 C 是“连续统”的英语单词的第一个字母。

可能聪明的读者已经看出，连续统基数 c 实际上就是 $\aleph_1$！为什么我们从几种不同的思路出发，得到的结果总是从 $\aleph_0$ 跳到它幂集的基数 $2^{\aleph_0}=\aleph_1$ 呢？是否存在一个这样的无穷大级别，它介于 $\aleph_0$ 与 $\aleph_1$ 之间呢？或者说是否存在一个集，它的基数比自然数的无限大更大，而比直线上点的数目的无限大要小呢？这是一个令人深思的问题。

1878 年，康托尔提出了这样的猜想，即在 $\aleph_0$ 与 $\aleph_1$ 之间不存在其他的基数。但当时康托尔本人对此无法予以证实。这一问题后来变得非常著名，它就是所谓的“连续统问题”。

古往今来，大概再没有第二个数学问题的提出只需极少的知识，而它的解决却困难无比！数学家们在经历了近 25 年的徒劳之后，开始对这一貌似简单的问题另眼相看了！

1900 年，在巴黎召开的第二次国际数学家会议上，德国哥

戴维·希尔伯特

庭根大学教授戴维·希尔伯特提出了举世闻名的23个20世纪需要攻克的数学问题。其中,关于连续统的假设,显赫地排在第一位!

连续统问题前前后后大约困惑了人类1个世纪。这1个世纪的风霜岁月,几多奋斗又几多艰辛,自有数学史学家去细细评说。在这里要告诉读者的是,这个问题的最终结果是完全出人意料的!

1938年,奥地利数学家库尔特·哥德尔(Kurt Gödel,1906—1978)证明了"连续统假设决不会引出矛盾"。这并不只是说,至今为止人们还无法指出连续统假设的错误,而是说人类根本不可能找出连续统假设有什么错误!

哥德尔引起的震动,整整持续了25年。就在这种激动尚未完全平息之际,1963年,美国数学家保罗·科恩(Paul Cohen,1934—2007)又证明了另一个更加惊人的结论:连续统假设是独立的。这不只是说,至今为止人们还没有证明出连续统假设,而是说连续统假设根本不可能被证明!

100年的历史,用最简洁的方式描述,就是:

"在$\aleph_0$与$\aleph_1$之间是否存在另一个基数?"康托尔问。

"不知道!"哥德尔和科恩回答。

不知道!这也是人类对这一历史难题的最终解答!

十一、从“蜻蜓咬尾”到“两头蛇数”

在小数点后的数字上方加上小圆点，表示循环小数，这只是近几个世纪的事。

在古埃及，数字上方加小圆点表示单位分数。如 $\dot{3}$ 即表示 $\frac{1}{3}$，$\dot{7}$ 即表示 $\frac{1}{7}$，等等。曾经有一个时期，这种记号及其运算是古埃及数学最为光辉的成就之一。从公元前 1850 年的纸草文书中，我们可以看到当时埃及僧侣写下的记录。在那里，所有的分数都表示成单位分数或它们和的形式，如

$$\frac{2}{5}=(\dot{3}+\dot{1}5); \quad \frac{2}{7}=(\dot{4}+\dot{2}8)$$

至于如何把普通分数拆成单位分数，这自然是一种技巧，但古埃及的数学家更多的是像背乘法表那样背熟它！

古埃及人的分数运算是奇特而有趣的，它充分表现了那时人类的聪明和才智。下面是一个简单的例子。

$$\frac{5}{7}+\frac{4}{21}=(\dot{7}+\dot{2}+\dot{14})+(\dot{7}+\dot{21})$$

$$=(\dot{7}+\dot{7})+(\dot{2}+\dot{14}+\dot{21})$$

$$=(\dot{4}+\dot{28}+\dot{2}+\dot{14}+\dot{21})$$

然而在古印度，同样的记号却代表着全然不同的含义！在那里，$\dot{3}$ 表示-3，$\dot{15}$ 表示-15，等等。以下的算式

$$\dot{3}+\dot{15}=\dot{18}$$

即表示

$$(-3)+(-15)=(-18)$$

今天，几乎全世界都采用同样的记号，即

$$0.\dot{1}\dot{6}=0.161\,616\,16\cdots$$

$$1.4\dot{3}=1.433\,333\,33\cdots$$

大约所有的中学生都知道，任何一个分数都能化成小数。分数化成的小数要么是有限的，要么是无限循环的。用长除法便能得到需要的答案。反过来，一个循环小数一定可以化为有理分数，如：

$$0.\dot{1}\dot{6}=0.16+0.0016+0.000\,016+\cdots$$

$$=\frac{0.16}{1-0.01}=\frac{16}{99}$$

$$1.4\dot{3} = 1.4 + 0.03 + 0.003 + 0.0003 + \cdots$$

$$= \frac{14}{10} + \frac{0.03}{1-0.1}$$

$$= \frac{14}{10} + \frac{3}{90} = \frac{43}{30}$$

不过，我们还有更为巧妙的计算方法：

令 $$x = 0.\dot{1}\dot{6}$$

则 $$100x = 16.\dot{1}\dot{6}$$

即 $$100x = 16 + x$$

所以 $$x = \frac{16}{99}$$

“$0.\dot{9}=1$ 吗？”，这一问题往往引起初学者的疑虑。他们感到明明前面的数比 1 小，怎么可能等于 1 呢？其实，在他们的脑中是用有限数

$$a_n = 0.\underbrace{9999\cdots99}_{(n\text{个}9)}$$

去跟 1 作比较。殊不知,当 n 趋于无限时有

$$\lim_{n\to\infty} a_n = 1$$

有些循环小数具有奇妙的特性,如

$$\frac{1}{7} = 0.\dot{1}42\,85\dot{7}$$

循环节 142 857 是个很有趣的数。当把后面的数字依次调到前面时,所得的数恰是原来的倍数:

$$714\,285 = 142\,857 \times 5$$

$$571\,428 = 142\,857 \times 4$$

$$857\,142 = 142\,857 \times 6$$

$$285\,714 = 142\,857 \times 2$$

$$428\,571 = 142\,857 \times 3$$

其中,最后一道算式为上海市某届中学生数学竞赛题的答案。原题为:“设有 6 位数 $1abcde$,乘以 3 后,变成 $abcde1$,求这个数。”

由于上题中的位数是确定的,所以可以用代数的方法进行求解。令

$$x = \overline{abcde}$$

则依题意

$$(10^5 + x) \cdot 3 = 10x + 1$$

解得 $$x = 42\,857$$

不过,倘若所求数的位数不知道,就有些困难了。这类问题在数学游戏中称为“蜻蜓咬尾”。下面便是一道“蜻蜓咬尾”题:一个多位数,最高位是 7,要把头上这个 7 剪下来,接到这个数的尾巴,使得到的新数是原数的 1/7。

$$\begin{array}{r} abc\cdots st7 \\ \times \quad\quad 7 \\ \hline 7abc\cdots st \end{array}$$

这道题可以用“蚂蚁啃骨头”的办法,从上式步步推算出结果,所得的是一个长达 22 位的数字

$$7\,101\,449\,275\,362\,318\,840\,579$$

循环小数最为神奇的性质是,分母是质数的分数,若具有偶数循环节,则其相隔半个循环节长度上的两个数字之和为 9。下面的例子可以清楚地看到这一点:

$$\frac{1}{7}=0.\dot{1}42\ 85\dot{7}$$

$$\frac{1}{13}=0.\dot{0}76\ 92\dot{3}$$

$$\frac{1}{17}=0.\dot{0}58\ 823\ 529\ 411\ 764\ \dot{7};$$

$$\frac{1}{19}=0.\dot{0}52\ 631\ 578\ 947\ 368\ 42\dot{1}$$

$$\begin{array}{r} 142 \\ +\ 875 \\ \hline 999 \end{array};\qquad \begin{array}{r} 076 \\ +\ 923 \\ \hline 999 \end{array}$$

$$\begin{array}{r} 05\ 882\ 352 \\ +\ 94\ 117\ 647 \\ \hline 99\ 999\ 999 \end{array};\qquad \begin{array}{r} 052\ 631\ 578 \\ +\ 947\ 368\ 421 \\ \hline 999\ 999\ 999 \end{array}$$

要说道理并不难。假定 p 为质数，$\frac{n}{p}$ 的循环节长为 $2s$，前半循环节为 A，后半循环节为 B。于是

$$\frac{n}{p}=0.ABABAB\cdots$$

$$=\frac{\frac{A}{10^s}+\frac{B}{10^{2s}}}{1-\frac{1}{10^{2s}}}=\frac{A\cdot 10^s+B}{(10^s+1)(10^s-1)}$$

很明显，10^s-1 不能被 p 整除，因为如若不然有

$$10^s-1=kp$$

则
$$\frac{n}{p}=\frac{kn}{10^s-1}=\frac{kn}{10^s}\left(1+\frac{1}{10^s}+\frac{1}{10^{2s}}+\cdots\right)$$

其循环节长只有 s，这与原来的假定矛盾。这样，由前面式子知道，p 既不能整除 10^s-1，则必整除 10^s+1。

$$\frac{n}{p}\cdot(10^s+1)=\frac{A(10^s-1)+A+B}{(10^s-1)}=A+\frac{A+B}{(10^s-1)}$$

上式左端显然是整数，从而右端也必须是整数。再注意到 A、B 都不大于 10^s-1，从而只能

$$A+B=10^s-1=\underbrace{999\cdots9}_{s个9}$$

下面我们再看一个极为有趣的问题。这个问题有一个使人毛骨悚然的名字——两头蛇数，它刊载于颇负盛名的《美国游戏数学杂志》。问题是这样的：

在一个自然数 N 的首尾各添一个1，使它形成一个两头为1的“两头蛇数”。若此数正好是原数 N 的99倍，求数 N。

这个问题刊出后，激起了人们的浓厚兴趣。有人利用关系式 $100N-N=99N$，令

$$N=abc\cdots st$$

列出竖式

$$\begin{array}{r} abc\cdots st00 \\ -\quad abc\cdots st \\ \hline 1abc\cdots st1 \end{array}$$

然后像“蜻蜓咬尾”那样，逐步推算出

$$N=112\ 359\ 550\ 561\ 797\ 752\ 809$$

后来又有人发现，把数

$$M = 11\ 235\ 955\ 056\ 179\ 775\ 280\ 898\ 876\ 404\ 494\ 382\ 022\ 471\ 910$$

添加在 N 的前面，形成

$$N, MN, MMN, MMMN, \cdots MMN, \cdots$$

都是“两头蛇数”！

“两头蛇数”问题后来据说由日本的西山辉夫做了干净利落的解答。又传闻西山的解法惊动了西方的游戏数学界！不过说实话，如果读者了解循环小数的特性，那么求出“两头蛇数”，完全不像有些人想象的那么困难！

事实上，依题意有

$$10^{n+1} + 10N + 1 = 99N$$

所以 $$N = \frac{1}{89}(10^{n+1} + 1)$$

问题的关键在于寻找形如 $10^{n+1}+1$，且能被 89 整除的数。假设$\frac{1}{89}$的前半循环节为 A，后半循环节为 B，则

因为 $$\frac{1}{89} = 0.ABABAB\cdots$$

$$\frac{1}{89} \times 10^{s} = A.BABABA\cdots$$

所以 $$\frac{1}{89}(10^{s}+1) = A + 0.\overline{A+B}\ \overline{A+B}\ \overline{A+B}\ \cdots$$

$$= A + 0.99\cdots999\cdots999\cdots9\cdots$$

从而 $$N = A + 1$$

这就是“两头蛇数”的一个答案！

十二、斐波那契数列的奇妙性质

大约很少有人在欣赏一株枝叶茂盛、婀娜多姿的树木时，会关心到枝丫的分布，但生物学家和数学家们注意到了这一点。由于新生的枝条往往需要一段“休息”时间，供自身生长，而后才能萌发新枝。所以他们设想：一株树苗在一年以后长出1条新枝；第2年新枝休息，老枝依旧萌发；此后，老枝与休息过一年的枝同时萌发，当年生的新枝则次年休息。这个规律在生物学上被称为“鲁德维格定律”。

如图12.1所示，根据鲁德维格定律，一株树木各个年份的枝丫数，依次为以下一列数：

(1),1,2,3,5,8,13,21,34,…

上面的数列流传已久。1202年，商人出身的意大利数学家

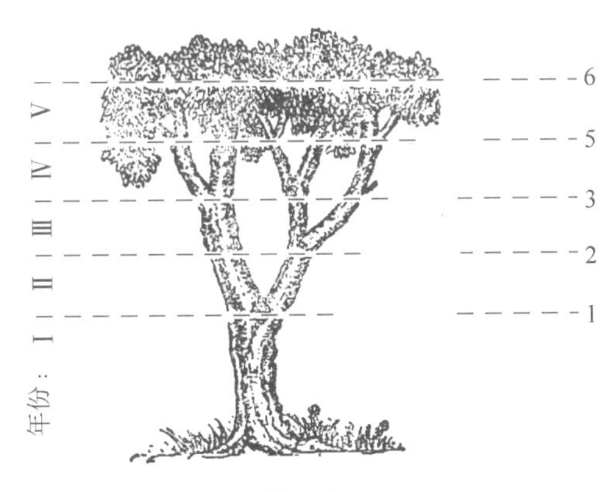

图 12.1

列奥纳多·斐波那契(Leonardo Fibonacci,1170—1250),完成了一部伟大的论著《算法之书》。这部中世纪的名著把当时发达的阿拉伯和印度的数学方法,经过整理和发展之后介绍到了欧洲。

在斐波那契的书中,曾提出以下有趣的问题。

假定一对刚出生的小兔一个月后就能长成大兔,再过一个月便能生下一对小兔,并且此后每个月都生一对小兔。一年内没有发生死亡。问一对刚出生的兔子,一年内繁殖成多少对兔子?如图 12.2 所示。

逐月推算,我们可以得到前面提过的数列

$$1,1,2,3,5,8,13,21,34,55,89,144,233$$

这个数列后来便以斐波那契的名字命名。数列中的每一项称为"斐波那契数"。第 13 位的斐波那契数,即为一对刚出生的小兔

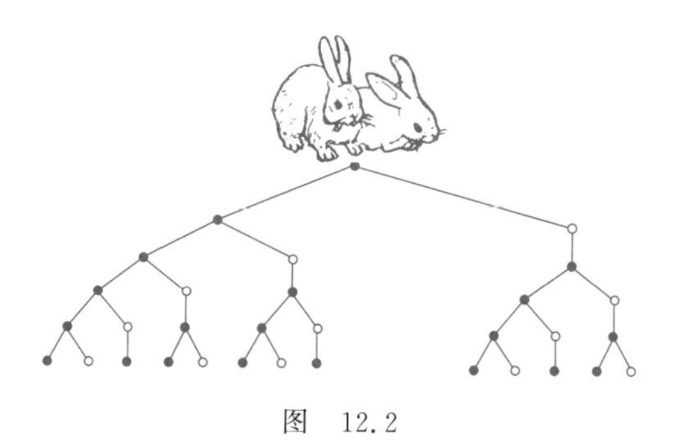

图 12.2

一年内所能繁殖成的兔子的对数，这个数字为 233。

从斐波那契数的构造可明显看出，斐波那契数列从第 3 项起，每项都等于前面两项的和。假定第 n 项斐波那契数为 u_n，于是我们有

$$\begin{cases} u_1 = u_2 = 1 \\ u_{n+1} = u_n + u_{n-1} \end{cases} \quad (n \geqslant 2)$$

通过以上的递推关系式可以算出任何的 u_n。不过，当 n 很大时递推是很费事的，我们必须找到更为科学的计算方法！为此，我们先观察以下较为简单的例子。

在“二、大数的奥林匹克”一节，我们讲过一个关于“梵天预言”的故事。如图 12.3 所示，现在假定按“梵天不渝”的法则，完成 n 片金片的搬动要进行 u_n 次动作。那么，要完成 $n+1$ 片金片的搬动，可以通过以下的途径达到：先把左针上的 n 片金片，通过 u_n 次动作搬到中间针；再把左针上的第 $n+1$ 片金片搬到右针上去；最后再通过 u_n 次动作，把中间针上的 n 片金片搬到

右针上去。这样，实际上已将 $n+1$ 片金片从左针搬到右针，从而上述的动作总数等于 u_{n+1}。也就是说，我们有

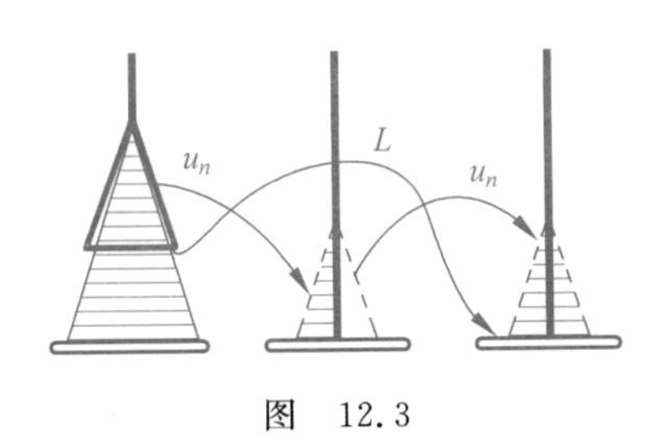

图 12.3

$$\begin{cases} u_1=1 \\ u_{n+1}=2u_n+1 \end{cases} \quad (n\geqslant 1)$$

下面我们通过上述递推关系来直接推导 u_n。

注意到 $$u_{n+1}+1=2(u_n+1)$$

令 $$v_n=u_n+1$$

则 $$\begin{cases} v_1=2 \\ v_{n+1}=2v_n \end{cases} \quad (n\geqslant 1)$$

数列 $\{v_n\}$ 是一个首项为 2，公比也为 2 的等比数列。易知

$$v_n=2\cdot 2^{n-1}=2^n$$

从而 $$u_n=v_n-1=2^n-1$$

由此可知，梵天要求搬完 64 片金片需要做的动作为 $(2^{64}-1)$ 次。如果完成每个动作需要 1 秒的话，则搬完所有金片需大约 5800 亿年！这个数字大大超过了整个太阳系存在的时间，所以梵天的预言真可谓“不幸而言中”！不过，我们完全不必杞人忧

天，整个人类的文明社会至今也不过几千年，人类还远远没有到达需要考虑这个问题的时候！

现在我们回到斐波那契数列上来。受“梵天预言”例子的启发，我们试图从等比数列

$$1, q, q^2, q^3, \cdots, q^{n-1}, \cdots$$

中寻求满足递推关系 $u_{n+1}=u_n+u_{n-1}$ 的答案。

令
$$q^n=q^{n-1}+q^{n-2} \quad (n\geqslant 2)$$

因 $q\neq 0$，解得

$$q_1=\frac{1+\sqrt{5}}{2}, \quad q_2=\frac{1-\sqrt{5}}{2}$$

现令
$$\begin{cases} u_n=\alpha q_1^{n-1}+\beta q_2^{n-1} \\ u_1=u_2=1 \end{cases}$$

立知
$$\begin{cases} \alpha+\beta=1 \\ \alpha\left(\dfrac{1+\sqrt{5}}{2}\right)+\beta\left(\dfrac{1-\sqrt{5}}{2}\right)=1 \end{cases}$$

解得
$$\begin{cases} \alpha=\dfrac{1}{\sqrt{5}}\left(\dfrac{1+\sqrt{5}}{2}\right) \\ \beta=-\dfrac{1}{\sqrt{5}}\left(\dfrac{1-\sqrt{5}}{2}\right) \end{cases}$$

从而
$$u_n=\frac{1}{\sqrt{5}}\left(\left(\frac{1+\sqrt{5}}{2}\right)^n-\left(\frac{1-\sqrt{5}}{2}\right)^n\right)$$

以上公式是法国数学家菲力普·比内（Philippe Binet，

1786—1856)首先证明的,通称比内公式。令人惊奇的是,比内公式中的 u_n 是以无理数的幂表示的,然而它所得的结果却完全是整数。不信,读者可以找几个 n 的值代进去试试看!

斐波那契数列有许多奇妙的性质,其中有一个性质是

$$u_n^2 - u_{n+1} \cdot u_{n-1} = (-1)^{n+1} \quad (n > 1)$$

其实,读者只需看看下式便会明白:

$$\begin{aligned}
& u_n^2 - u_{n+1} \cdot u_{n-1} = u_n^2 - (u_n + u_{n-1}) \cdot u_{n-1} \\
&= -u_{n-1}^2 + u_n^2 - u_n \cdot u_{n-1} \\
&= -[u_{n-1}^2 - u_n(u_n - u_{n-1})] \\
&= -[u_{n-1}^2 - u_n \cdot u_{n-2}] \\
&= \cdots\cdots \\
&= (-1)^n (u_2^2 - u_3 \cdot u_1) \\
&= (-1)^{n+1}
\end{aligned}$$

斐波那契数列的上述性质,常被用来构造一些极为有趣的智力游戏。美国《科学美国人》杂志就曾刊载过一则故事:

一位魔术师拿着一块边长为 13 英尺[①]的正方形地毯,对他的地毯匠朋友说:“请您把这块地毯分成 4 小块,再把它们缝成一块长 21 英尺、宽 8 英尺的长方形地毯。”这位地毯匠对魔术师的算术之差深感惊异。因为两者之间面积相差达 1 平方英尺呢!可是魔术师竟让地毯匠用图 12.4 和图 12.5 的办法,达到

---

① 1 英尺=0.3048 米。

了他的目的！这真是不可思议！亲爱的读者，你猜猜那神奇的1平方英尺跑到那儿去了呢？

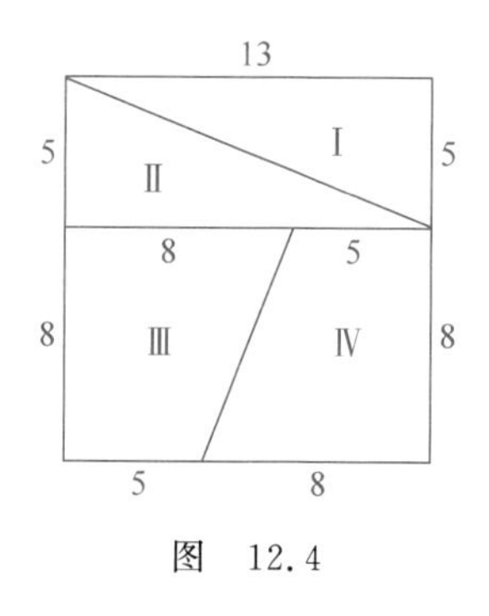

图 12.4

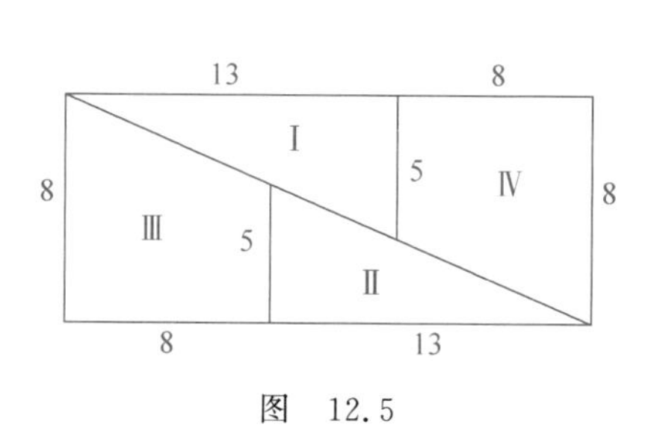

图 12.5

需要告诉读者的是，类似的智力问题还可以构造出很多，只要把上题中的长方形边长和正方形边长，换成连续的3个斐波那契数就行！道理就是前面提到过的那个式子。

有关斐波那契数列的趣题实在不少，下面“蜜蜂爬格”的游戏，便是一道难得的妙题：

蜜蜂从图12.6所示蜂房的第0号位置爬向第10号位置。规定只能从序号小的往序号大的爬。问共有多少种爬行路线？

可不要小看这道题，它好难呢！大概需要费你不少的脑筋。有兴趣的读者不妨试试看！

图 12.6

十三、几何学的宝藏

公元前5世纪的古希腊数学家毕达哥拉斯(Pythagoras,公元前580?—前500?)有一句至理名言:“凡是美的东西都具有共同的特性,这就是部分与部分及部分与整体之间的协调一致。”

今天,当一尊爱神维纳斯的塑像置于人们的眼前,大概没有人不会为她那诱人的魅力所倾倒!

天工造物,常常展现出一种美的旋律。那蜿蜒的群山,清清的流水,迷人的景致,怒放的鲜花,皆是大自然的赐予,无不令人心旷神怡,心驰神往!

那么,“美的密码”是什么?两千多年来,人类在探索美的艺术的同时,也探索着美的奥秘!

画家似乎更加敏锐。实践使他们认识到,把画的主体放在画面的正中央,大概是一种败笔!图 13.1 是 16 世纪欧洲文艺复兴时期的巨匠、德国画家丢勒的名作。画面上只有一双手,但手的中心位置,却偏在靠左和靠下 3/5 的地方。

图 13.1

不仅是画家,任何一个读者,凭直觉也能判断出图 13.2 中,右边的图要比左边的图更美观。量一量就知道,右边的图,画的重心大约配置在画面的 0.618 的地方。

建筑师们也发现,边长比为 0.618 的矩形具有特殊的美感。窗户和房屋采用这样的矩形结构,将特别令人赏心悦目。

18 世纪中叶,德国心理学家弗希纳曾经做过一次别出心裁的试验。他召开了一次“矩形展览会”,会上展出了他精心制作的各种矩形,并要求参观者投票选择各自认为最美的矩形。结果表 13.1 所示的 4 个矩形入选。

图 13.2

表 13.1 入选的 4 个最美矩形

矩形	宽×长	宽与长之比
1	5×8	5∶8=0.625
2	8×13	8∶13=0.615
3	13×21	13∶21=0.619
4	21×34	21∶34=0.618

有趣的是，入选的 4 个矩形的长与宽，正好都是“十二、斐波那契数列的奇妙性质”中讲到的，斐波那契数列中相邻的 2 个数，它们的比都接近于 0.618。

0.618！这一再出现的神秘数字，终于引起人们的关注。数学家们开始探索这一神奇数字的真正含义！“庐山真面目”的揭开，还得从毕达哥拉斯的那句名言讲起。

假定 C 是线段 AB 的一个分点。为了使 C 满足毕达哥拉斯所讲的“部分与部分及部分与整体之间的协调一致”，如图 13.3 所示，显然必须

$$AB : AC = AC : CB$$

图　13.3

令 $AB=l, AC=x$，则

$$l : x = x : (l-x)$$

$$x^2 + lx - l^2 = 0$$

解得

$$x=\frac{\sqrt{5}-1}{2}l \quad (x>0)$$

$$\omega=\frac{x}{l}=\frac{\sqrt{5}-1}{2}\approx 0.618$$

瞧！“美的密码”终于露面了！

我们伟大祖国的五星红旗是多么庄严美丽啊！可是，你是否知道，那上面的正五角星中，包含着许许多多“美的密码”呢？

由于“美的密码”有许多极为宝贵的性质，所以人们称0.618为“黄金比值”；而导致这一比值的分割，便称为“黄金分割”；C 点则被称为线段 AB 的“黄金分割点”。一个矩形，如果两边具有黄金比值，则称这样的矩形为“黄金矩形”。

黄金矩形的性质也很奇特，它是由一个正方形和另一个小黄金矩形组成的。事实上，如图13.4所示，如果设大黄金矩形的两边 $a:b=\omega$，分出一个正方形后，所余小矩形的两边分别为 $(b-a)$ 和 a，它们的比

$$(b-a):a=\frac{b}{a}-1=\frac{1}{\omega}-1$$

$$=\frac{1}{\frac{\sqrt{5}-1}{2}}-1=\frac{\sqrt{5}-1}{2}=\omega$$

这表明小的矩形也是黄金矩形。

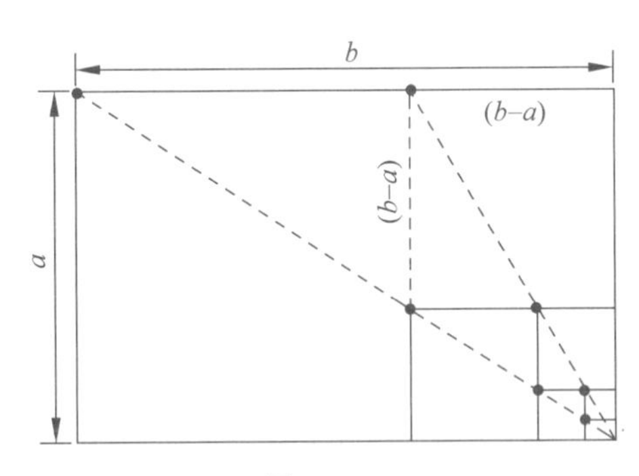

图 13.4

黄金矩形的上述性质，允许我们把一个黄金矩形分解为无限个正方形的和！图 13.4 表明了这种分解的过程。有趣的是，这个过程可以用下面的算式表示出来：

$$\omega=\frac{a}{b}=\frac{a}{a+(b-a)}$$

$$=\frac{1}{1+\dfrac{b-a}{a}}=\frac{1}{1+\dfrac{a}{b}}$$

$$=\frac{1}{1+\dfrac{1}{1+\dfrac{a}{b}}}$$

$$=\frac{1}{1+\dfrac{1}{1+\dfrac{1}{1+\dfrac{1}{1+\cdots}}}}$$

所得的是最为简单的连分数。

容易看出，图 13.4 的大矩形中各正方形的角点形成两条直线。一条是大矩形的对角线，另一条是小矩形的对角线。这表明这一系列正方形构成了无穷递缩等比数列！

“黄金比值”这一美的密码，一经被人类掌握，立即成为服务于人类的法宝。艺术家们应用它创造出更加令人神驰的艺术珍品；设计师们利用它设计出巧夺天工的建筑；科学家们则在科学的海洋尽情地欢奏 0.618 这一美的旋律！

如今，当风姿绰约的女主持人出台亮相时，她并不站立在舞台的中央，而是让自己处在舞台的黄金分割点。因为这样的位置，可以给观众留下一个更加完美的形象！

最令人诧异的是，人体自身美，也遵循着 0.618 的规律！人们测量了爱神维纳斯和女神雅典娜的雕像，发现她们下半身与全身的比都接近于 0.618。而据大量的调查资料表明，现今的女性，腰身以下的高度平均只占全身的 0.58。因此不少女性穿上高跟鞋，以求提高上述比值，增强美感。芭蕾舞演员则在婆娑起舞的时候，总是踮起脚尖，以图展现 0.618 这一美的密码（图 13.5）！难怪人们对芭蕾舞艺术如此之动情和欣赏！

图 13.5

“黄金比值”这一造福人类的数字，诚如 17 世纪德国天文学家约翰尼斯·开普勒（Johannes Kepler，1571—1630）所评价的那样，“是几何学的一大宝藏”！

十四、科学的试验方法

选优是人类赋予科学的永恒课题。大概很少有什么问题，会比以下古老而有趣的智力游戏，更能体现选优方案的多样性：

有 13 个球外表全然一样，已知其中有一个质量异于其他的“优球”，试用无砝码天平称量比较若干次找出优球来。

诚然，如果不限比较的次数，找到优球是轻而易举的！

[方案甲] 取定一个球，然后把其余12个球逐一与这个球作比较。那么，最多经过12次比较，肯定能够找到优球。

[方案乙] 任取12个球，分为6组，每组两球。先在组间作比较。通过简单分析便能知道，用无砝码天平比较7次，是一定能够找出优球的。

[方案丙] 任取12个球，分为4组，每组3球。读者仔细尝试一番就会知道，只要用无砝码天平比较4次，就能找到优球。不过，这可得动一点脑筋呢！

以上3种选优方案，虽说都能找到优球，但方案本身却不是最优的！最优的方案只要比较3次，便能从13个球中找出优球。当然，对于大多数人，这种方法不只巧妙而有趣，而且还是相当艰难的。

为方便叙述，我们用$A,B,C,\cdots,M$表示13个球，并用符号“=”“>”“<”，分别表示“平衡”“重于”“轻于”。对已确定为正常的球，我们在它的右上角加上“*”号。下面便是最优方案：

[方案丁] 把13个球分为3组，$ABCD$一组，$EFGH$一组，其余的一组。

表14.1列出了用无砝码天平比较3次判定优球的过程。

表 14.1　无砝码天平判定优球的过程

<table>
<tr><th>称量(第 1 次)</th><th>称量(第 2 次)</th><th>称量(第 3 次)</th><th>优球</th></tr>
<tr><td rowspan="9">$ABCD \gt EFGH$
$(I^* J^* K^* L^* M^*)$</td><td rowspan="3">$ABCH \gt DI^* J^* K^*$
$(H^* D^*)$</td><td>$A \gt B$</td><td>A</td></tr>
<tr><td>$A \lt B$</td><td>B</td></tr>
<tr><td>$A = B$</td><td>C</td></tr>
<tr><td rowspan="3">$ABCH \lt DI^* J^* K^*$
$(A^* B^* C^*)$</td><td>$D \gt I^*$</td><td>D</td></tr>
<tr><td>—</td><td></td></tr>
<tr><td>$D = I^*$</td><td>H</td></tr>
<tr><td rowspan="3">$ABCH = DI^* J^* K^*$
$(A^* B^* C^* D^* H^*)$</td><td>$E \gt F$</td><td>F</td></tr>
<tr><td>$E \lt F$</td><td>E</td></tr>
<tr><td>$E = F$</td><td>G</td></tr>
<tr><td rowspan="9">$ABCD = EFGH$
$\begin{pmatrix} A^* B^* C^* D^* \\ E^* F^* G^* H^* \end{pmatrix}$</td><td rowspan="3">$A^* B^* C^* \gt IJK$
$(L^* M^*)$</td><td>$I \gt J$</td><td>J</td></tr>
<tr><td>$I \lt J$</td><td>I</td></tr>
<tr><td>$I = J$</td><td>K</td></tr>
<tr><td rowspan="3">$A^* B^* C^* \lt IJK$
$(L^* M^*)$</td><td>$I \gt J$</td><td>I</td></tr>
<tr><td>$I \lt J$</td><td>J</td></tr>
<tr><td>$I = J$</td><td>K</td></tr>
<tr><td rowspan="3">$A^* B^* C^* = IJK$
$(I^* J^* K^*)$</td><td>$A^* \gt M$</td><td>M</td></tr>
<tr><td>$A^* \lt M$</td><td>M</td></tr>
<tr><td>$A^* = M$</td><td>L</td></tr>
</table>

13 球难题表明，对于选优的方案，还存在一个方案的选优问题，这便是我们要讲的“优选法”。

在日常生活和实践中这类情形是常见的。例如削铅笔，笔芯削得太短不行，没写几个字还得再削。从这一点看笔芯削长点为好。但削得太长写起来既不方便又容易断。那么，笔芯要削多长才合适？这是一个“优选”问题。又如洗衣服，洗衣粉放

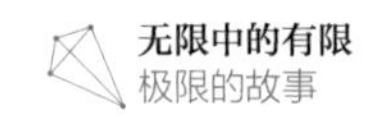

少了起不了去污作用，放多了不仅造成浪费，还会影响衣服的使用寿命。究竟洗衣粉要放多少才合适？这也是一个“优选”问题。

用数学语言来说，效果是各因素的函数。而选优问题，可以归结为求效果函数的优值。但一般情况下效果函数无法表示成一个式子。如削铅笔，各人写字姿势、用力都不相同，因此多长笔芯会断也就很难有一个统一的公式。再如13球智力题中，哪个球是优球，也根本无法表示成什么式子。遇到这类情形，效果的优值，只能通过试验的办法去逐步寻找！

试验安排的方案无疑是多样的。最万无一失的办法是，把试验区间分成若干相等的部分，然后逐一做试验，比较后选出最好的结果。这种方案显然是少慢差费的！因为前面试验带给人们的极其宝贵的信息，无法在以后的试验中被利用。以下被称为“来回调试”的试验方案，则明显地克服了这一弊端！

如图14.1所示，假定 $y=f(x)$ 是区间 $[a,b]$ 上的单峰函数

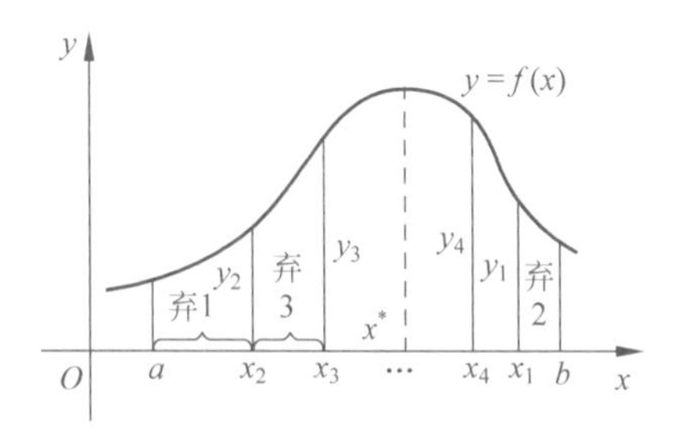

图 14.1

(只有一个峰点的函数)，x_1，x_2($x_1>x_2$)是$[a,b]$内的两个试验点，已试验求得 $y_1=f(x_1)$，$y_2=f(x_2)$。那么：

(1) 若 $y_2>y_1$，则峰点必在$[a,x_1]$，故可弃去$[x_1,b]$；

(2) 若 $y_2<y_1$，则同理可弃去$[a,x_2]$；

(3) 若 $y_2=y_1$，则可同时弃去$[a,x_2]$和$[x_1,b]$。

容易看出，最优点(峰点)一定落在余留区间内。再在余留区间内取 x_3 点，试验得 $y_3=f(x_3)$。经过比较后又弃去某段区间。然后又在第二次余留区间内选取 x_4，以此类推。由于"来回调试"使峰点 x^* 所在区域范围不断缩小，因而 x^* 终究会被找到。

来回调试法的优秀思路无疑是应当被我们吸取的。问题是如何科学地安排试验点 $x_1,x_2,x_3,\cdots,x_n$，才能使试验次数最少，而效果最好？这正是优选法所要回答的。

下面我们先探求 n 次试验的最优方案。

假定目标函数在$[a,b]$上是单峰的。用 L_k 表示通过 k 次试验所能处理的最长区间，用 δ 表示预定的精度，也就是我们求得的"优点"跟实际峰点间最大可能的偏离。如图 14.2 所示，假定在区间$[a,b]$内设置了 n 个试验点。我们观察各区间$[a,b]$、$[a,x_1]$、$[x_1,b]$中最为理想的长度：

显然，$|ab|=L_n$。由于区间$[a,x_1]$内部不含 x_1，所以最多只能含有 $n-1$ 个试验点，从而$|ax_1|=L_{n-1}$。又因区间$[x_1,b]$内部同时不含 x_1，x_2，从而$|x_1b|=L_{n-2}$。

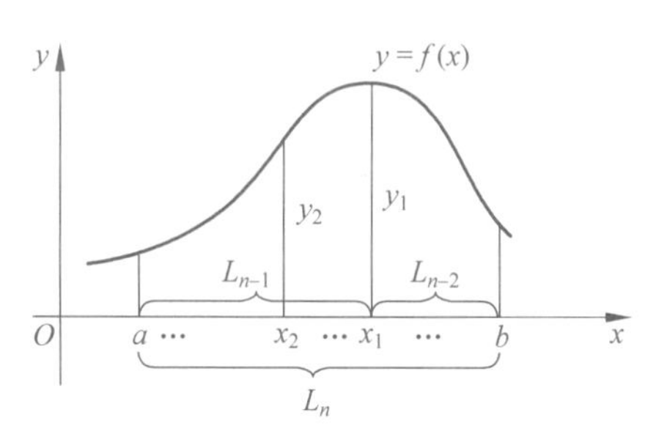

图 14.2

因为 $|ab|=|ax_1|+|x_1b|$

所以 $L_n=L_{n-1}+L_{n-2}$ $(n\geqslant 2)$

由此推知，n 次试验的第 1 个试验点的分点系数

$$\omega_n=\frac{|ax_1|}{|ab|}=\frac{L_{n-1}}{L_n}$$

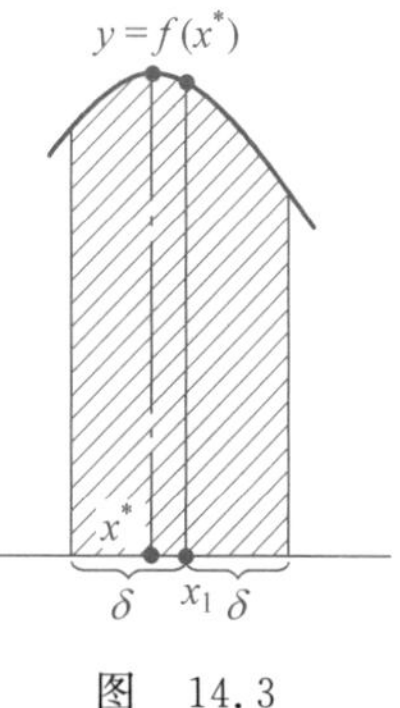

图 14.3

注意到 $L_0=\delta, L_1=2\delta$(图 14.3)，由递推关系得$\{L_n\}(n\geqslant 0)$：

$$\delta, 2\delta, 3\delta, 5\delta, 8\delta, 13\delta, 21\delta, \cdots$$

不考虑 δ，即得一串斐波那契数列$\{U_n\}$：

$$1, 2, 3, 5, 8, 13, 21, \cdots$$

由此可以构造，k 次试验的第 1 个试验点的分点系数 ω_k，$k=1, 2, 3, \cdots$。这是一串分数

$$\frac{1}{2}, \frac{2}{3}, \frac{3}{5}, \frac{5}{8}, \frac{8}{13}, \frac{13}{21}, \cdots$$

ω_k 的推导表明，用以上分数为分点系数设置的试验点，其试验方案是最优的。这一优选的方法，也因此取名为“分数法”。

下面我们以削铅笔为例，分步说明分数法的运用。设笔芯长度的试验范围为 0～21 毫米，精度要求 $\delta=1$ 毫米。试验方法步骤如下。

(1) 设置第一试验点 x_1。

因为
$$21\leqslant u_n\delta$$

所以
$$u_n=21, n=6, \omega_6=\frac{13}{21}$$

从而第一试验点应选在试验区间的$\frac{13}{21}$处，即 13 毫米的地方。

(2) 用对称法设置第二试验点 x_2，即 x_2 应设置在 x_1 关于试验区间的对称点处。例中为 8 毫米处，如图 14.4 所示。

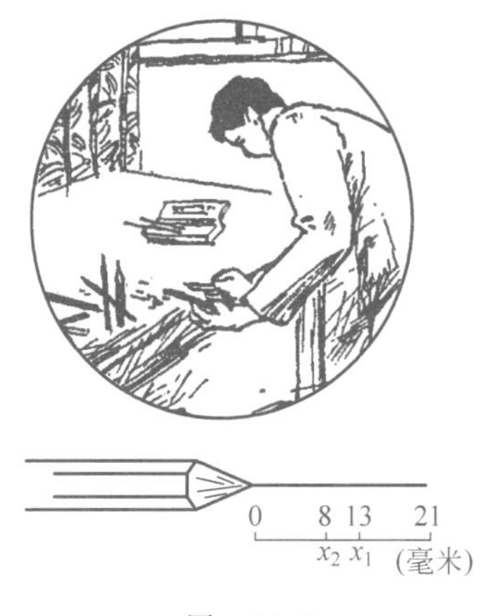

图 14.4

(3) 试验比较,弃去其上没有峰点的区间。

(4) 用对称法在余留区间设置第三试验点 x_3。

(5) 如此反复,直至找到最优点为止。因为 $n=6$,所以先后总共设置 6 个试验点。

如若我们预先没有设定试验的次数,这意味着试验次数 n 可以取任意大的值。这时的分点系数就必须用 ω_n 的极限来代替。易知

$$\lim_{n\to\infty}\omega_n=\lim_{n\to\infty}\frac{u_{n-1}}{u_n}$$

$$=\frac{\sqrt{5}-1}{2}=\omega$$

$$=0.618$$

瞧!这里又一次出现了美的密码。

用 ω 做分点系数的试验方法,通称“黄金分割法”。它是处理优选问题最为基本和科学的方法。它的用处可大着呢!读者不妨自己找些例子试试,你一定会享受到成功的喜悦的!

十五、中国数学史上的牛顿

π 作为圆周率的符号，是由著名数学家欧拉于 1737 年首先使用的。但人类对于圆周率的研究，却可追溯到极为久远的年代！

古代的希伯来人在描述所罗门庙宇中的“熔池”时曾经这样写道：“池为圆形，对径为十腕尺，池高为五腕尺，其周长为三十腕尺。”可见，古希伯来人认为圆周率等于 3，不过，那时的建筑师们似乎都明白，圆周长与直径的比要大于 3。

早在公元前 3 世纪，古希腊的阿基米德已经想到用“逼近”的办法来计算 π。为说明阿基米德超越时代的天才构思，我们先从一个半径为 1 的圆的内接和外切正三角形讲起。为叙述方便，我们用 a_k 和 a'_k 分别表示单位圆内接和外切正 k 边形的边

长，而用 p_k 和 p'_k 表示相应的周长。易知

$$\begin{cases} p_k = k \cdot a_k \\ p'_k = k \cdot a'_k \end{cases}$$

显然，把圆内接正 k 边形各顶点间的弧二等分，便可得到圆内接正 $2k$ 边形，并由此得

$$\begin{cases} a_k < 2a_{2k} \\ p_k < p_{2k} \end{cases}$$

这样，我们从圆内接正三角形出发，推出

$$p_3 < p_6 < p_{12} < p_{24} < \cdots < p_{3 \cdot 2^{k-1}} < \cdots$$

上述无限递增序列 $\{p_{3 \cdot 2^{l-1}}\}$，明显地以圆周长为上界。

同理，我们有

$$p'_3 > p'_6 > p'_{12} > p'_{24} > \cdots > p'_{3 \cdot 2^{k-1}} > \cdots$$

这一递减序列 $\{p'_{3 \cdot 2^{k-1}}\}$，也明显地以圆周长为下界。

很明显，以上两个一升一降的无限序列，当 k 增大时越来越靠近，从而有

$$\lim_{k\to\infty} p'_{3\cdot 2^{k-1}} = \lim_{k\to\infty} p_{3\cdot 2^{k-1}} = 2\pi$$

阿基米德正是利用上面的办法，一直计算到 p_{96} 和 p'_{96}，得出

$$3\frac{10}{71} < \pi < 3\frac{1}{7}$$

阿基米德的这一出色工作，记载于他的著作《圆的度量》一书。

刘徽

继阿基米德之后，在计算圆周率的方法上有重大突破的，是我国魏晋时期的数学家刘徽和他的割圆术！

263 年，刘徽(225—295)在对我国古籍算书《九章算术》的注释中，提出了计算圆周长的“割圆”思想。下面一段是刘徽本人的精辟论述：“割之弥细，所失弥少，割之又割，以至于不可割，则与圆周合体，而无所失矣！”

刘徽创立的割圆术有 4 个要点，用现代方式表述如下。

(1) 圆内接正 3×2^k 边形，当 k 增加时，其面积与圆面积的差越来越小。当 k 无限增大时，正多边形面积 S_k 与圆面积 A 几乎相等。

(2) $S_{2k} < A < S_{2k} + (S_{2k} - S_k)$。

(3) $S_{2k} = \frac{k}{2} a_k R$。

(4) $a_{2k} = \sqrt{2R^2 - R\sqrt{4R^2 - a_k^2}}$。

上述第一个要点，是刘徽思想的核心。他把圆看作边数无限的正多边形。读者从这里可以看到极限思想的光辉！

第二个要点是刘徽的一个重要发现。在计算圆面积的时候，只要考虑圆内接正多边形，而无须同时考虑圆外切正多边形。这是刘徽方法与阿基米德方法之间本质的区别，也是割圆术先进之所在！这一重要公式证明如下。

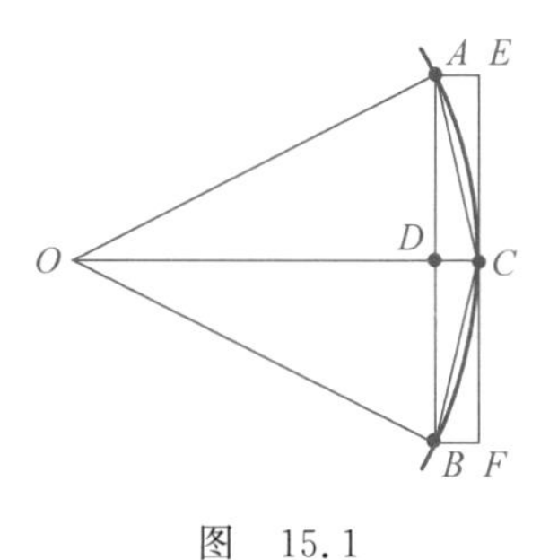

图 15.1

如图 15.1 所示，设 A、B 是圆内接正 k 边形两个相邻的顶点，C 是 $\overset{\frown}{AB}$ 中点，则 AC 为圆内接正 $2k$ 边形的一边。已知 AB 与 OC 交于 D 点，又 $ABFE$ 为矩形，其一边 EF 切圆 O 于 C 点。易知

$$S_{2k}-S_k=k\cdot S_{\triangle ABC}$$

$$0<A-S_{2k}<2k\cdot S_{\triangle AEC}=k\cdot S_{\triangle ABC}$$

所以　$0<A-S_{2k}<S_{2k}-S_k$

即　$S_{2k}<A<S_{2k}+(S_{2k}-S_k)$

由此可得　$\lim\limits_{k\to\infty}S_{2k}=A$

割圆术的第三个要点，刘徽建立了一个面积 S_{2k} 与边长 a_k 之间的计算联系。事实上

$$S_{2k}=k\cdot S_{\text{四边形}AOBC}$$

$$=k\cdot\frac{1}{2}AB\cdot OC=\frac{k}{2}a_kR$$

这样

$$A=\lim_{k\to\infty}S_{2k}=\lim_{k\to\infty}\frac{k}{2}a_kR$$

$$=\lim_{k\to\infty}\frac{1}{2}p_kR$$

$$=\frac{1}{2}CR$$

这里 C 是圆的周长，$C=2\pi R$。

所以 $$A=\frac{1}{2}\cdot 2\pi R\cdot R=\pi R^2$$

特别地，当 $R=1$ 时有

$$A=\pi$$

着眼于面积计算 π，这是刘徽与阿基米德方法的又一不同。

第四个要点，刘徽建立了 a_k 与 a_{2k} 之间的递推关系式。这一式子基于勾股定理(图 15.2)，事实上

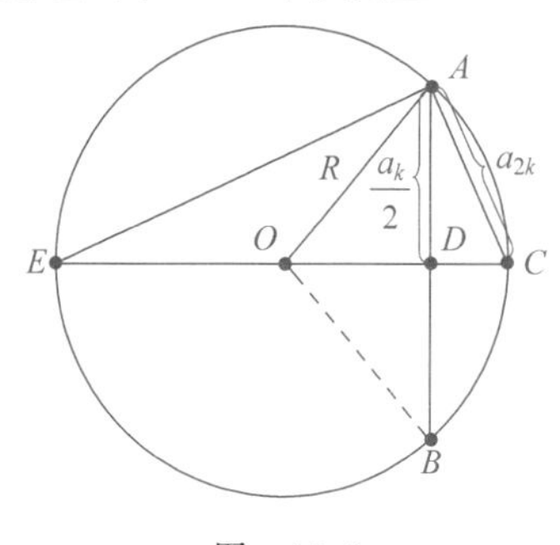

图 15.2

因为 $$OD=\sqrt{R^2-\left(\frac{a_k}{2}\right)^2}$$

又 $$a_{2k}^2=2R\cdot DC$$

$$=2R(R-OD)$$

所以 $$a_{2k}^2=2R^2-R\sqrt{4R^2-a_k^2}$$

即 $$a_{2k}=\sqrt{2R^2-R\sqrt{4R^2-a_k^2}}$$

特别地，当 $R=1$ 时有

$$a_{2k}=\sqrt{2-\sqrt{4-a_k^2}}$$

因为 $$a_6=1$$

所以 $$a_{12}=\sqrt{2-\sqrt{3}}$$

$$a_{24}=\sqrt{2-\sqrt{2+\sqrt{3}}}$$

$$a_{48}=\sqrt{2-\sqrt{2+\sqrt{2+\sqrt{3}}}}$$

……

$$a_{3\cdot 2^k}=\sqrt{2-\sqrt{2+\sqrt{2+\sqrt{2+\cdots+\sqrt{2+\sqrt{3}}}}}}$$

……

刘徽就是利用上面的递推式子及公式

$$S_{2k}=\frac{k}{2}a_k$$

如同表 15.1，一直算到了圆内接正 192 边形。

表 15.1 刘徽割圆术表

k	a_k	P_k	S_{2k}	$(S_{2k}-S_k)$
6	1	6		
12	0.517 638	6.211 656	3	
24	0.261 052	6.265 248	3.105 828	0.105 828
48	0.130 806	6.278 688	3.132 624	0.026 796
96	0.065 438	6.282 048	3.139 344	0.006 720
192	0.032 723	6.282 889	3.141 024	0.001 680
…	…	…	…	…

再根据 $S_{2k}<A<S_{2k}+(S_{2k}-S_k)$，当 $k=96$ 时有

$$3.141\ 024<\pi<3.142\ 704$$

取相同的两位小数，即得

$$\pi\approx 3.14$$

刘徽的割圆术，其意义不仅在于计算出了 π 的近似值，而且还在于提供了一种研究数学的方法。这种方法相当于今天的“求积分”，后者经 17 世纪英国的牛顿和德国的莱布尼茨做系统总结而得名。鉴于刘徽的巨大贡献，不少书上把他称作“中国数学史上的牛顿”，并把他所创造的割圆术称为“徽术”。

值得一提的是，有些书上曾提到刘徽用割圆的方法，计算出圆内接 3072 边形的周长，这似乎不甚确切！但事出有因。这是由于在《九章算术》方田章中，有一则据说是刘徽的注文，文中提到

$$\pi\approx\frac{3927}{1250}=3.1416$$

据此推算，需要求到圆内接3072边形才能得出这一结果。不过，这段注解一向争议颇多。因为《九章算术》的刘徽注本，成书于263年。然而在这段注释前面，竟提及比这更后的年代！因此，数学史家倾向于认为这段注释是南北朝时期另一位数学家祖冲之所加。即使这样，这一结果也比国外最早求得 $\pi=3.1416$ 的印度数学家阿利耶毗陀早100多年！

十六、实数的最佳逼近

在“十五、中国数学史上的牛顿”中讲到，阿基米德曾经用“逼近”的思想，求出圆周率 π 满足

$$3\frac{10}{71}<\pi<3\frac{1}{7}$$

其中 $3\frac{1}{7}=\frac{22}{7}$ 只比 π 的真值大 0.04%，一米的周长也不过差 0.5 毫米！因此用 $\frac{22}{7}$ 代替 π，对于人类的日常生活就足够了！所以历史上称 $\frac{22}{7}$ 为 π 的“约率”。

但约率并不是最接近 π 的分数。不过，在分母小于 100 的分数中，再也找不到第二个数比它更接近 π 了！比 $\frac{22}{7}$ 更接近 π

的下一个分数是$\frac{333}{106}$；而分母小于 30 000 的分数中，最接近 π 的是$\frac{355}{113}$。

$$\frac{355}{113}=3.141\,592\,92\cdots$$

它只比 π 的真值大 8×10^{-8}。这个值是由我国南北朝时期的伟大数学家祖冲之(429—500)找到的，通称“密率”。欧洲最早认识这一分数的是德国的瓦伦利努斯·奥托(Valenlinus Otto，1550—1605)，时间为 1573 年，比祖冲之要晚上 1000 年！

祖冲之

稍后我们就会知道，还有比密率更接近 π 的分数，只是分母要更大，它们形成了一串逼近 π 的分数列，π 便是它们的极限！

$$3,\frac{22}{7},\frac{333}{106},\frac{355}{113},\frac{103\,993}{33\,102},\cdots$$

$\pi=3.$ 14159, 26535, 89793,
23846, 26433, 83279, 50288,
41971, 69399, 37510, 58209,
74944, 59230, 78164, 06286,
20899, 86280, 34825, 34211,
70679 …

为了弄清这些渐近分数的规律，我们先介绍一些连分数的知识。

读者想必已经知道，任何一个实数都可以表示为连分数的形式，它可以通过辗转相除的方法求得，例如

$$\frac{87}{32}=2+\cfrac{1}{1+\cfrac{1}{2+\cfrac{1}{1+\cfrac{1}{1+\cfrac{1}{4}}}}}$$

$$\begin{aligned}\sqrt{2}&=1.414\ 213\ 562\cdots\\&=1+\cfrac{1}{2+\cfrac{1}{2+\cfrac{1}{2+\cfrac{1}{2+\ddots}}}}\end{aligned}$$

在“十三、几何学的宝藏”一节，那个有“美的旋律”之称的黄金比值的连分数形式是

$$\frac{\sqrt{5}-1}{2}=\cfrac{1}{1+\cfrac{1}{1+\cfrac{1}{1+\ddots}}}$$

同理，我们能够算得

$$\pi = 3 + \cfrac{1}{7 + \cfrac{1}{15 + \cfrac{1}{1 + \cfrac{1}{292 + \cfrac{1}{1 + \ddots}}}}}$$

连分数其实是特殊的繁分数。很明显，一个有限的连分数代表着一个有理数；反过来，一个有理数也一定能通过辗转相除，化为有限连分数。因而无理数只能表示为无限连分数的形式。1761年，德国数学家约翰·海因里希·兰伯特(Johann Heinrich Lambert，1728—1777)证明了 π 是个无理数。从而，把 π 展成连分数，它一定也是无限的！

为节省篇幅，我们简记连分数为

$$a_0 + \cfrac{1}{a_1 + \cfrac{1}{a_2 + \ddots + \cfrac{1}{a_n}}} = [a_0;\ a_1, a_2, \cdots, a_n]$$

例如
$$\frac{87}{32} = [2;\ 1,2,1,1,4]$$

$$\sqrt{2} = [1;\ 2,2,2,\cdots]$$

$$\pi = [3;\ 7,15,1,292,1,\cdots]$$

连分数的截断部分，我们称为渐近分数，简记为

$$[a_0;\ a_1, a_2, \cdots, a_k] = \frac{P_k}{Q_k}$$

一个连分数的渐近分数，可以根据定义加以计算。例如 π 的各渐近分数，可以依次算得如下：

$$[3;\ 7]=3+\frac{1}{7}=\frac{22}{7}$$

$$[3;\ 7,15]=3+\cfrac{1}{7+\cfrac{1}{15}}=\frac{333}{106}$$

$$[3;\ 7,15,1]=3+\cfrac{1}{7+\cfrac{1}{15+\cfrac{1}{1}}}=\frac{335}{113}$$

$$[3;\ 7,15,1,292]=3+\cfrac{\mathrm{C1}}{7+\cfrac{1}{15+\cfrac{1}{1+\cfrac{1}{292}}}}$$

$$=\frac{103\,993}{33\,102}$$

……

其中$\frac{22}{7}$和$\frac{335}{113}$就是我们前面讲过的约率和密率。

通过繁分式计算渐近分数当然是很麻烦的，有没有更简便的算法呢？有！那就是列表递推，如下式：

$$\frac{P_0}{Q_0}=[a_0]=\frac{a_0}{1}$$

$$\frac{P_1}{Q_1}=[a_0;\ a_1]=a_0+\frac{1}{a_1}=\frac{a_1a_0+1}{a_1}$$

$$\frac{P_2}{Q_2}=[a_0;\ a_1,a_2]=a_0+\cfrac{1}{a_1+\cfrac{1}{a_2}}$$

$$=\frac{a_2P_1+P_0}{a_2Q_1+Q_0}$$

$$\frac{P_3}{Q_3}=[a_0;\ a_1,a_2,a_3]=a_0+\cfrac{1}{a_1+\cfrac{1}{a_2+\cfrac{1}{a_3}}}$$

$$=\frac{a_3P_2+P_1}{a_3Q_2+Q_1}$$

……

假如我们设想 $P_{-1}=1,Q_{-1}=0$,那么便有递推关系式

$$\begin{cases}P_k=a_kP_{k-1}+P_{k-2}\\Q_k=a_kQ_{k-1}+Q_{k-2}\end{cases}(k=1,2,3,\cdots)$$

按上述规律,我们可以列表计算,如表 16.1 所示。

表 16.1　列表计算

k	-1	0	1	2	3	…	n	…
a_k		a_0	a_1	a_2	a_3	…	a_n	…
P_k	1	a_0	P_1	P_2	P_3	…	P_n	…
Q_k	0	1	Q_1	Q_2	Q_3	…	Q_n	…

算法是

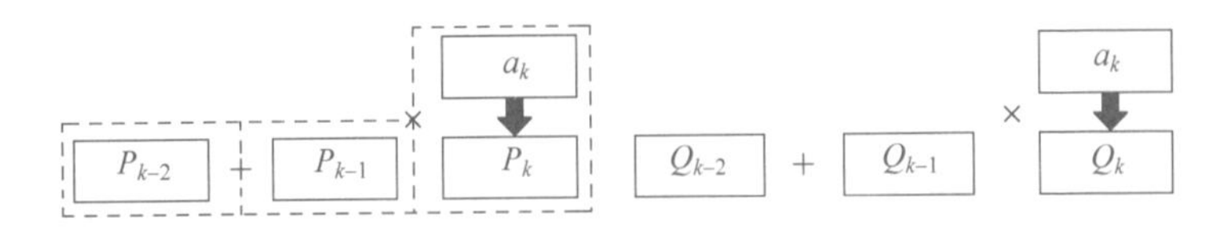

如求 $\omega=\frac{\sqrt{5}-1}{2}$ 的各渐近分数，如表 16.2 所示。

$$\omega=[0;1,1,1,1,\cdots]$$

表 16.2 计算结果 1

k	-1	0	1	2	3	4	5	6	…
a_k		0	1	1	1	1	1	1	…
P_k	1	0	1	1	2	3	5	8	…
Q_k	0	1	1	2	3	5	8	13	…

所得 $\{P_k\}$、$\{Q_k\}$ 都是一串斐波那契数。

对于熟悉计算机的读者，还可以设计出求任一实数的渐近分数的程序，那可就“一劳永逸”了！

实数 α 的渐近分数的最重要性质是，它一大一小交错着向 α 逼近，即

$$\frac{P_0}{Q_0}<\frac{P_2}{Q_2}<\frac{P_4}{Q_4}<\frac{P_6}{Q_6}<\cdots\leqslant\alpha$$

$$\frac{P_1}{Q_1}>\frac{P_3}{Q_3}>\frac{P_5}{Q_5}>\frac{P_7}{Q_7}>\cdots\geqslant\alpha$$

而且我们还不难证明

$$\left|\alpha-\frac{P_n}{Q_n}\right|<\left|\alpha-\frac{P_{n-1}}{Q_{n-1}}\right|$$

及

$$\left|\alpha-\frac{P_n}{Q_n}\right|\leqslant\frac{1}{Q_n^2}$$

这表明 α 的渐近分数，一个比一个更加接近于 α，且

$$\lim_{n\to\infty}\frac{P_n}{Q_n}=\alpha$$

渐近分数的逼近是最佳的！意思是说，对 α 的某一渐近分数 $\frac{P}{Q}$，我们再也找不到分母比它小而又更接近 α 的分数了，表 16.3 打"*"栏说明了这一点，那是相应于黄金比值 $\omega=\frac{\sqrt{5}-1}{2}\approx0.6180339\cdots$ 的一串渐近分数。

表 16.3　计算结果 2

Q	$Q\cdot\omega$	P	$\omega-\frac{P}{Q}$	最佳逼近
1	0.618 033 9	1	−0.382	
2	1.236 067 9	1	0.118	*
3	1.854 101 9	2	−0.049	*
4	2.472 135 9	2	0.118	
5	3.090 169 9	3	0.018	*
6	3.708 203 9	4	−0.049	

续表

Q	$Q \cdot \omega$	P	$\omega-\frac{P}{Q}$	最佳逼近
7	4.326 237 9	5	−0.096	
8	4.944 271 9	5	−0.007	*
9	5.562 305 8	6	−0.049	
10	6.180 339 8	6	0.018	
11	6.798 373 8	7	−0.018	
12	7.416 407 8	7	0.007	
13	8.034 441 8	8	0.003	*
…	…	…	…	

难怪在“十四、科学的试验方法”一节，我们可以取 ω 的这一系列渐近分数作为分点系数，用以替代黄金分割点。奥妙原来在于此！

十七、漫话历法和日月食

现今的阳历，承自古代的埃及。那时尼罗河的水大约每365天泛滥一次，周而复始。因此365天便被定为一年。而月亮大约每30天缺而复圆，因此30天便被定为一个月。这样，一年12个月还余5天，古埃及人便把这多出的5天放在年终当节假日，好让大家庆贺新年。

然而，尼罗河河水泛滥的周期只是一个大致的数字。地球绕太阳旋转一周，回归到原先的位置，所需的时间要比365天多1/4天。这样，河水泛滥的时间实际上每年大约往后推了1/4天。随着岁月的推移，尼罗河泛滥的日期越来越晚，而新年则有时出现在炎夏，有时出现在隆冬！大约每1460个春秋，便含有1461个埃及年，整整多出一年！

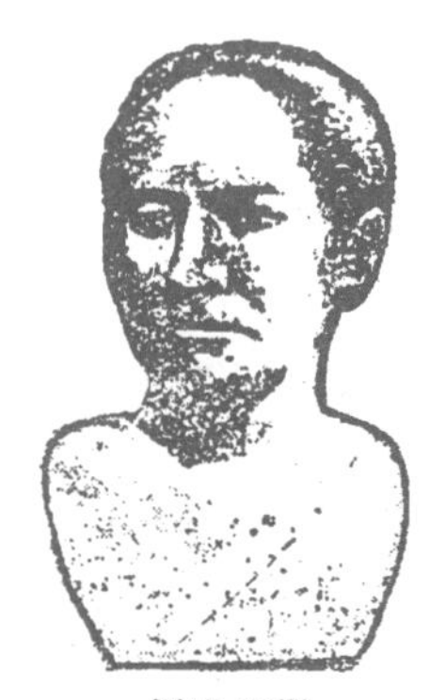
儒略·凯撒

公元前46年，具有传奇般魅力的罗马执政者儒略·凯撒(Julian Caesars，公元前120？—前44)，终于下定决心改变这一混乱状态。在天文学家的帮助下，他把公元前46年延续为445天，而从公元前45年开始，改成目前尚在使用的阳历，这便是以凯撒名字命名的“儒略历”！

儒略历对每年长出的大约1/4天，采用设闰的办法。即遇到闰年，每年加上1天，变为366天。如果一个回归年恰为365 $\frac{1}{4}$天，那么每4年设一闰也就够了！可是一个回归年准确的时间是365.2422天，每年实际上多出的是0.2422天。这样，每一万年必须加上2422天才行，平均每100年要闰24天。这就是现在采用的“四年一闰而百年少一闰”的道理。

不过，百年24闰，一万年也只加2400天，还有22天怎么办？于是历法家们又定出了每400年增一闰的规定，这样也就差不多补回了“百年24闰”少算的差数！当然，就这样每万年还是多闰了3天，但这已经足够精确了。从凯撒到现在，儒略年与回归年也还没差过一天呢！

数学家们对于设闰的办法却另有高见，他们把多出的天数0.2422展成连分数：

$$0.2422=\cfrac{1}{4+\cfrac{1}{7+\cfrac{1}{1+\cfrac{1}{3+\cfrac{1}{4+\ddots}}}}}$$

其渐近分数是

$$\frac{1}{4},\frac{7}{29},\frac{8}{33},\frac{31}{128},\frac{163}{673},\cdots$$

这些渐近分数一个比一个更接近 0.2422。

这些渐近分数表明,4 年加一闰是初步的最佳方案;但 29 年 7 闰将更好些,而 33 年设 8 闰又要更好!这相当于 99 年加 24 天,它与“百年 24 闰”已极接近。但后者显然要好记和实用的多,所以即使是数学家也会赞成历法家的设闰方案的!

同样的方法可以用到我国农历的设闰中去。农历月是根据“朔望月”来确定的。所谓朔望月是指从一个满月到下一个满月

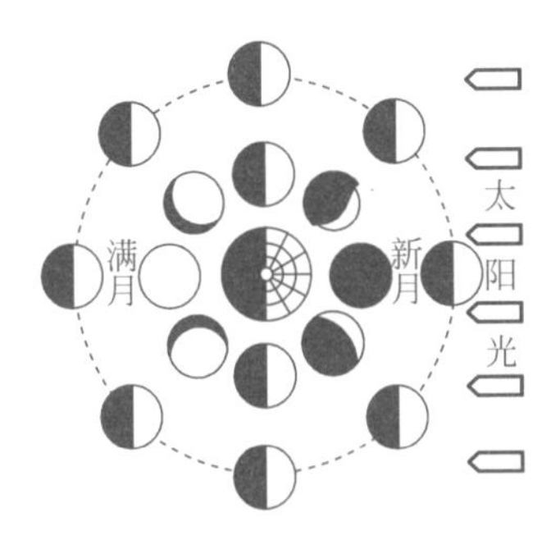

的时间间隔。这个间隔准确地讲有 29.530 6 天。前面讲过，一年有 365.242 2 天，因此一年的月数该有

$$\frac{365.2422}{29.5306}=12.368262\cdots$$

即平均 12 个月多一些。所以，农历月有时一年 12 个月，有时一年 13 个月，后者也称农历闰年。把上面商的小数部分展成连分数：

$$0.368262\cdots=\cfrac{1}{2+\cfrac{1}{1+\cfrac{1}{2+\cfrac{1}{1+\cfrac{1}{1+\cfrac{1}{16+\ddots}}}}}}$$

它的渐近分数为

$$\frac{1}{2},\frac{1}{3},\frac{3}{8},\frac{4}{11},\frac{7}{19},\frac{116}{315},\cdots$$

渐近分数的性质表明，农历月两年设一闰太多，3 年设一闰太少，8 年设三闰太多，11 年设四闰太少，如此等等。读者一旦知道了上述的道理，对于我国农历的设闰，便不会感到奇怪了！

下面转到另一种重要的天体现象——日食和月食上来。可能有不少读者对此感到神秘，不过，当读完这一节之后，一切的神秘感便会消除，说不定还能当一个小小的预言家呢？

古代的人由于不了解日食和月食这些自然现象，误把它们

当成灾难的征兆。所以当这些现象出现时，就表现得惊慌失措、惶恐不安！

据史书记载，大约公元前6世纪，希腊的吕底亚和麦底亚两国，兵连祸结，双方恶战五载，胜负未分。到了第6个年头的一天，双方激战正酣。忽然间天昏地暗，黑夜骤临！战士们以为冒犯了神灵，触怒了苍天，于是顿然醒悟。双方立即抛下武器，握手言和！后来天文学家帮助历史学家准确地确定了那次战事发生的时间是公元前585年5月28日午后。

另一个传说是，航海家哥伦布在牙买加的时候，当地的加勒比人企图将他和他的随从饿死。哥伦布则对他们说，如果他们不给他食物，他那夜就不给他们月光！结果那一夜月食一开始，加勒比人便投降了！现在已经查证到故事发生的时间是1504年5月1日。

其实日食、月食只是由于太阳、月亮、地球3种天体运动合成的结果。月亮绕地球转,地球又绕太阳转,当月球转到了地球和太阳的中间,且这3个天体处于一条直线时,月球挡住了太阳光,就发生日食,当月球转到地球背着太阳的一面,且这3个天体处于一条直线时,地球挡住了太阳光,就发生月食,如图17.1所示。

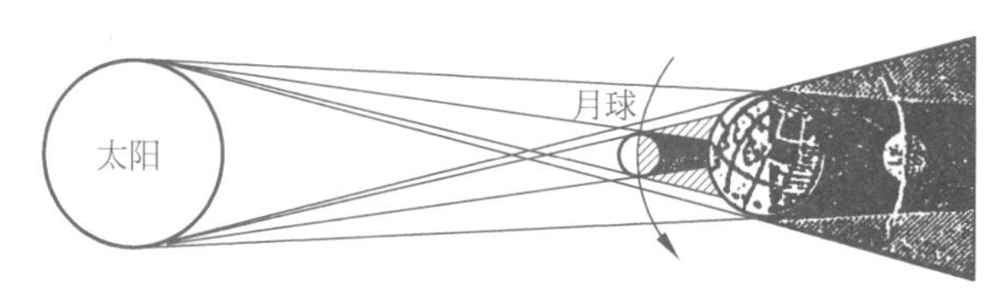

图 17.1

但是,由于月球的轨道平面并不在地球绕太阳转动的平面上,因此月球每次从地球轨道平面的一侧穿到平面的另一侧去,便与这个平面有一个交点。这样交点有一个在地球轨道内,称内交点;另一个在地球轨道外,称外交点,如图17.2所示。月球从内交点出发又回到内交点的周期被称为交点月,约27.2123天。

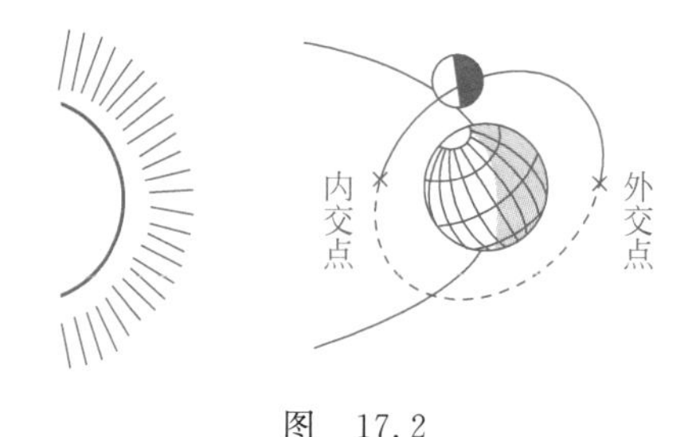

图 17.2

很明显，日食、月食的发生必须同时具备两个条件，缺一不可：一是月亮恰在内外交点处；二是日、月、地三者共线，即必须是新月或满月。以上条件表明，如果某日恰好发生日食或月食，那么隔一段周期之后，日食和月食的情景又会重演，这段周期恰好是交点月和朔望月的倍数。

为了求朔望月和交点月的最小公倍数，把它们的比展成连分数

$$\frac{29.5306}{27.2123}=1+\cfrac{1}{11+\cfrac{1}{1+\cfrac{1}{2+\cfrac{1}{1+\cfrac{1}{4+\ddots}}}}}$$

考虑渐近分数

$$[1;11,1,2,1,4]=\frac{242}{223}$$

它表明，过 242 个交点月或 223 个朔望月之后，日、月、地三者又差不多回到了原先的相对位置，这一段时间相当于

$$242\times 27.2123=6585.3766(\text{天})$$

即相当于 18 年 11 天又 8 小时。这就是著名的沙罗周期！有了这个周期，读者便可以根据过去的日食、月食，对将来的日食和月食进行预测了！

不过，一年里发生日食、月食的机会是很少的，日食最多 5 次，月食最多 3 次，两者加在一起绝对超不过 7 次！表 17.1 标

出了2009—2020年的12年间，在我国能看到的日食（○）和月食（●）。

表17.1　2009—2020年我国日食、月食时间表

年＼月	1	2	3	4	5	6	7	8	9	10	11	12
2009	○(1.26)	●(2.9)					○(7.22)	●(8.6)				
2010	●(1.1) ○(1.15)					●(6.26)						
2011	○(1.4)					○(6.2) ●(6.16)						●(12.10)
2012					○(5.21)	●(6.4)						
2013				●(4.26)								
2014										●(10.8)		
2015			○(3.20)	●(4.4)								
2016			○(3.9)									
2017								●(8.8)				
2018	●(1.31)						●(7.27)	○(8.11)				
2019	○(1.6)						●(7.17)					○(12.26)
2020	●(1.11)					●(6.6) ○(6.21)					●(11.30)	

十八、群星璀璨的英雄世纪

17 世纪的欧洲，数学界群星璀璨，英雄辈出！数学家们终于走出了古希腊人严格证明的圣殿，以直观推断的思维方式，大胆地开辟着新的道路。他们在无穷小演算和极限理论的基础上，创立了被恩格斯誉为"人类精神的最高胜利"的微积分学。

英雄世纪的英雄谱上的第一个显赫人物，当推意大利的伽利略·伽利雷（Galileo Galilei，1564—1642）。伽利略作为物理学家比作为数学家更为有名，他因发现运动的惯性原理、摆振动的等时性及自由落体定律而名垂青史！

伽利略·伽利雷

值得一提的是，有一个传闻很广的故事：伽利略曾在意大利比萨城的著名斜塔上做过一个闻名遐迩的实验，即从斜塔顶层同时落下两个轻重相差10倍的铁球，结果两球同时到达地面。不过，这已被历史学家证实为一个误会。做这个实验的其实另有其人。

伽利略作为数学家的功绩在于，他使阿基米德的“穷竭法”思想，在湮没了两千个春秋之后，得以重新焕发光辉！

古希腊阿基米德的“穷竭法”，类似于我国数学家刘徽的割圆术。穷竭法中用到的无穷小分析及“以直代曲”的极限思想，已经孕育着微积分的雏形！

时势造就英雄。16世纪末，欧洲资本主义迅速发展，天文、航海、力学、军事和生产等各方面都向数学提出了新的课题。这些课题促使数学家们争相研究，他们的成果交相辉映。他们不仅把阿基米德的“穷竭法”发挥得淋漓尽致，而且还完善了极限理论，创造了像解析几何那样的重要方法。所有这些都为微积分的创立扫清了道路。在这方面由于出色的工作而名载史册的有：意大利的卡瓦列里，德国的开普勒，法国的费马、笛卡儿、帕斯卡，荷兰的惠更斯，英国的沃利斯、格雷戈里和巴罗。

1609 年，德国天文学家开普勒创造性地应用无穷小量求和的方法，确定曲边图形的面积和旋转体的体积。1615 年，开普勒发表了《测量酒桶体积的新方法》一文，一举求出了 392 种不同旋转体的体积。开普勒卓有成效的工作，对微积分的先驱者卡瓦列里、沃利斯等人产生了直接的影响。

1635 年，意大利数学家卡瓦列里提出了确定面积和体积的新方法，即把一条曲线，看成是由无数个点构成的图形，就像项链是由珠子穿成的一样；一个平面是由无数条平行线构成的图形，就像布是由线织成的一样；一个立体是由无数个平面构成的图形，就像书籍是由书页组成的一样。卡瓦列里的新颖构思，为微积分提供了雏形。

不能不说的是，卡瓦列里曾提出过一个后来以他名字命名的公理，然而这个公理早在 1100 年前，就为我国古代数学家祖冲之父子所发现，这就是现今教科书上提到的祖暅原理。

1637 年，号称“怪杰”的法国数学家费马创造了求切线斜率的新方法。如图 18.1 所示，费马把曲线上某一点切线的斜

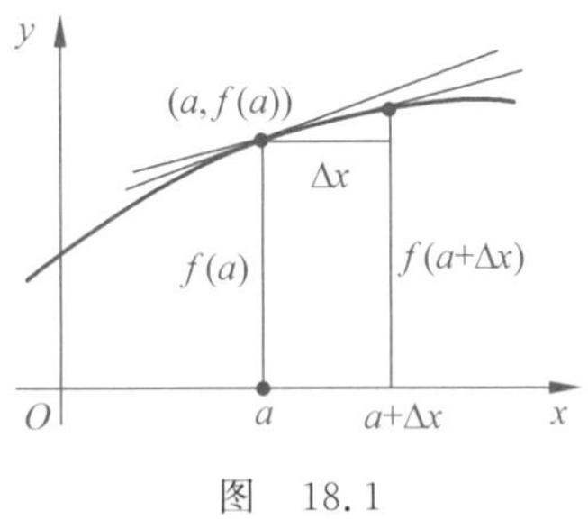

图　18.1

率，看成是该点坐标的两个增量比的极限。也就是说，曲线 $y=f(x)$ 上横坐标为 a 的点处的切线斜率 k：

$$k=\lim_{\Delta x\to 0}\frac{f(a+\Delta x)-f(a)}{\Delta x}$$

这实际上就是以后牛顿“流数”的定义！

微积分创立道路上的一个重要的里程碑，是解析几何的诞生。1637 年，法国数学家勒内·笛卡儿（Rene Descartes，1596—1650）建立了平面坐标系。他的卓越工作使古典的几何学领域处于代数学家的支配之下。变数的出现为微积分的研究提供了最重要的工具！

勒内·笛卡儿

笛卡儿的成就使微积分创立的前驱工作加速了！1655 年，英国数学家沃利斯运用代数的形式、分析学的方法及函数极限的理论，实际上提出了定积分的概念。下面让我们通过求抛物线所围图形的面积，一览沃利斯这一出色的工作。

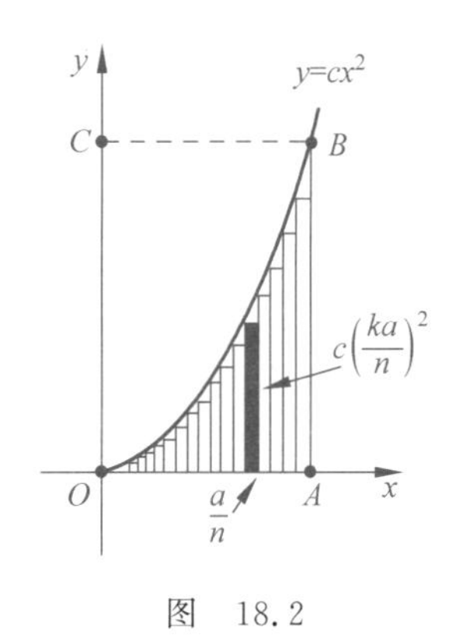

图　18.2

如图 18.2 所示，设抛物线弧的方程为 $y=cx^2$，曲边三角形的 3 个顶点是

$$O(0,0),\quad A(a,0),\quad B(a,ca^2)$$

把 OA 分为 n 等分，过分点作垂直于 OA 的直线与曲线相交，构成 n 个窄长方形。很明显，当等分数 n 无限增大时，图中窄长方形的面积之和，趋向一个有限值，这便是曲边三角形的面积 A。对于第 k 个窄长方形而言(图中涂黑部分)，易知其宽为 $\frac{a}{n}$，高为 $c\left(\frac{ka}{n}\right)^2$，从而这一小长方形的面积 s_k 为

$$s_k=\frac{a}{n}\cdot c\left(\frac{ka}{n}\right)^2=\frac{ca^3}{n^3}\cdot k^2$$

所有窄长方形面积之和

$$\begin{aligned}&s_1+s_2+s_3+\cdots+s_k+\cdots+s_n\\&=\frac{ca^3}{n^3}(1^2+2^2+3^2+\cdots+k^2+\cdots+n^2)\\&=\frac{ca^3}{n^3}\cdot\frac{n}{6}(n+1)(2n+1)\\&=\frac{ca^3}{6}\left(1+\frac{1}{n}\right)\left(2+\frac{1}{n}\right)\end{aligned}$$

当 n 无限增大时，便得

$$\begin{aligned}A&=\lim_{n\to\infty}(s_1+s_2+\cdots+s_n)\\&=\lim_{n\to\infty}\left[\frac{ca^3}{6}\left(1+\frac{1}{n}\right)\left(2+\frac{1}{n}\right)\right]\\&=\frac{ca^3}{3}\end{aligned}$$

注意到矩形 $OABC$ 的面积为 ca^3，从而抛物线弧恰好三等分矩

形 $OABC$ 的面积(图 18.3)！这一有趣的结论,不是所有读者都知道得很清楚吧。

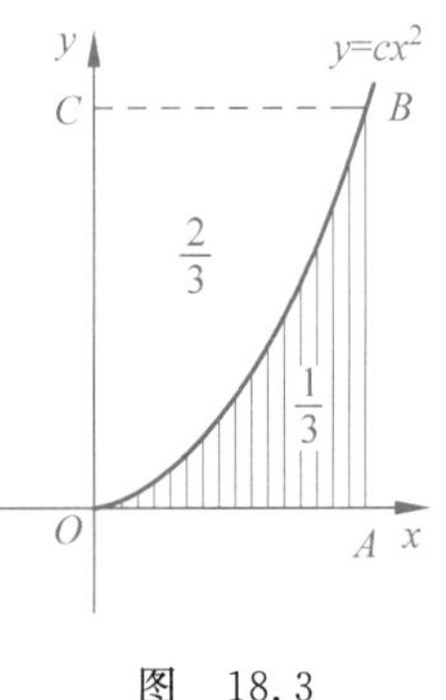

图 18.3

沃利斯之后,英国青年数学家格雷戈里进一步完善了极限运算的方法。格雷戈里对于无穷级数的深入研究,使他成为微积分发展史上的又一重要先驱者。

在两位微积分的创始人,英国的艾萨克·牛顿(Isaac Newton,1643—1727)和德国的戈特弗里德·莱布尼茨(Gottfried Leibuiz,1646—1716)出场之前,还要提到一个享誉数坛的人物,英国数学家巴罗(Barrow,1630—1677)。巴罗是牛顿的老师,他的《几何学讲义》一书使牛顿深受影响。巴罗的数学造诣颇深,他不仅发现了积、商和隐函数的微分法,而且第一个认识到微分与积分之间的互逆关系。

巴罗之所以名垂史册,还在于他的远见卓识。1669 年 10 月 29 日,巴罗突然提出辞去“卢卡斯数学教授”的席位,并推荐自己的学生,27 岁的牛顿继任。“卢卡斯数学教授”是英国剑桥大学授予最为卓越的自然科学家的荣誉席位。牛顿果然没有辜负他老师的厚望,在人类科学史上成为一代宗师!

1666 年 5 月 20 日,在牛顿的手稿上第一次出现了“流数术”一词,标志着英雄世纪英雄业绩的微积分学,终于正式诞生了!

十九、无聊的争论与严峻的挑战

1906年，人们惊异地发现了一封2200年前阿基米德写给他好友爱拉托斯散(Eratosthenes，公元前275—前193)的信，后者以创造一种质数的筛法而著名。信中阿基米德预言：能够确立一种新的方法，利用这种方法，后人便能发现许多前所未有的定理，而这些定理是他所没能想到的。

然而，上述预言的实现曾经历了漫长的历史岁月。希腊的几何方法本身虽说无懈可击，但无法揭示问题间的真正联系。这致使阿基米德的工作没有能够被后人所继续，而他所预言的进步也迟至17世纪才出现！

真正实现阿基米德预言的是17世纪中叶的两位青年数学家，英国的牛顿和德国的莱布尼茨。

艾萨克·牛顿

在世界科学史上，大约很难找到比艾萨克·牛顿更加伟大的科学家了！他那“从苹果落地联想到万有引力”的动人故事，已经成为千古美谈。然而，牛顿的幼年并不具有超人的智商。他的奋起和成功。对于那些怀疑自身大脑功能的人，是个极好的榜样！

牛顿生长在英国的一个农村，父亲在他出生前便去世了。悲伤过度的母亲不足月便生下了他。据说，当时的牛顿瘦小得连一个大一点的杯子都能装得下。母亲曾对这个幼小的生命绝望过。当时谁也没有料到，后来的牛顿竟活到了 85 岁高龄，并成为闻名于世的伟大科学家！

牛顿 3 岁的时候母亲改嫁了，他由外祖母抚养。上学以后，他不仅体弱多病，而且学习成绩很差，常常被一些同学瞧不起。13 岁时，牛顿在学校受一个大同学的欺侮，一脚踢在他的肚子上。牛顿在痛苦之下奋力抗争，竟然获胜！于是他悟出了学问之道，从此发奋读书，成绩一举跃居班级前茅！

1661 年，牛顿考入剑桥大学。在巴罗教授的悉心指导下，他钻研了笛卡儿的《几何学》和沃利斯的《无穷算术》，奠定了坚实的数学基础。

1669—1676 年，牛顿写下了 3 篇重要著作。在这些文章中，他给出了求瞬时变化率的普遍方法，证明了面积可由变化率的逆过程求得。在文章中，牛顿把运动引进了数学，他把曲线看成是由几何的点运动而产生。他称变量为“流”，变化率为“流数”，并为他的“流数术”划定了一个中心范围：

（1）已知连续运动的路程，求瞬时速度；

（2）已知运动的速度，求某段时间经过的路程；

（3）求曲线的长度、面积、曲率和极值。

1687 年，牛顿发表了划时代的科学巨著《自然哲学的数学原理》。这部不朽的名著，把他所创造的方法与自然科学的研究，紧密地结合在一起，从而使微积分学在实践的土壤中深深地扎下了根。这本书也因此成为人类科学史上一个光彩夺目的里程碑！

与此同时，在英吉利海峡另一侧的欧洲大陆，出现了另一位微积分学的奠基者，他就是德国的数学家戈特弗里德·莱布尼茨。比起牛顿，莱布尼茨的幼年显得聪慧而早熟！他 15 岁即进入莱比锡大学，17 岁获学士学位，20 岁获博士学位。1672 年，莱布尼茨访问法国，认识了著名的荷兰科学家克里斯蒂安·惠更斯（Christiaan Huygens，1629—1695），在惠更斯的鼓励下，莱布尼茨致力于寻求获得知识和创造发明的新方法。他思想奔放，才华横

戈特弗里德·莱布尼茨

溢，数学天分得以尽情地发挥！

1684年，莱布尼茨发表了第一篇微分学论文《一种求极值和切线的新方法》，两年后他又发表了另一篇关于积分学的论文。

莱布尼茨的微积分与牛顿的微积分有着明显的不同。牛顿是用几何的形式来表述他的成果的，而莱布尼茨的理论则散发着代数的芳香。尽管在与物理的结合上莱布尼茨不如牛顿，但莱布尼茨方法的想象力之丰富，符号之先进，也是牛顿方法所无法比拟的。从下面的内容可以看出这些区别。

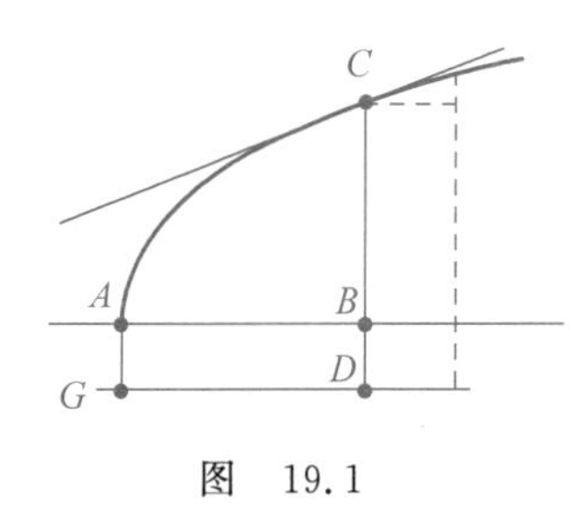

图 19.1

1704年，牛顿在他的《曲线求积论》一文中，对积分学的基本定理做了如下描述，如图19.1所示。

“假设面积 ABC 和 $ABDG$ 是由纵坐标 BC 和 BD 在基线 AB 上以相同的匀速运动所生成的，则这些面积的流数之比与纵坐标 BC 和 BD 之比相同。而我们可以把它们看成由这些纵坐标表示，因为这些纵坐标之比正好等于面积的初始增量之比……”

牛顿的这一段话，对于不十分熟悉几何的人来说，理解起来可能比较困难！然而，同一个内容在莱布尼

茨的著作中，却表示成一个式子

$$\frac{\mathrm{d}}{\mathrm{d}x}\left(\int_a^x f(t)\mathrm{d}t\right)=f(x)$$

式中定积分 $\int_a^x f(t)\mathrm{d}t$，表示曲线 $y=f(x)$、x 轴及横坐标为 x 的直线所围成的图形（见图 19.2 的阴影区）的面积。其符号之简洁跃然纸上！

尽管从后人看来，牛顿和莱布尼茨确实各自独立地创立了微积分学，但由于牛顿提出“流数”的时间比莱布尼茨要早 10 年，而莱布尼茨的论文公开发表的时间又比牛顿早 3 年，因此围绕微积分的发明权，历史上曾出现过长达一个世纪的无聊争论！

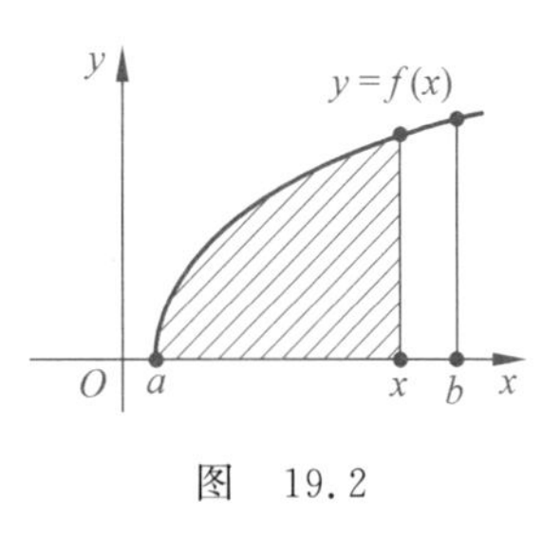

图　19.2

争论是由瑞士的丢里埃挑起的。1699 年，丢里埃在著文中断言：莱布尼茨抄袭了牛顿的成果！莱布尼茨当即予以反驳。1714 年，莱布尼茨在《微分法的历史和起源》一书中写道：“在莱布尼茨建立这种新运算的专用观念之前，它肯定并没有进入任何其他人的心灵！”这篇文章暗示牛顿剽窃了他的成果。这样一来，关于微积分发明权的争论，激起了两个民族情感的轩然大波。英德两国各执一端，双方追随者固执己见，使争论绵延了整整一个世纪。特别是英国，偏激的民族情感使它拒绝接受欧洲大陆的进步,致使一海之隔的英伦三岛在很长一段时期内,其数学水平远落后于欧洲大陆!

微积分在面临内部纷争的同时,也面临着外部的严峻挑战。一些唯心主义者抓住微积分基础理论在当时尚不稳固而大做文章,极尽攻击谩骂之能事!

1734年,英国神学家贝克莱著书攻击微积分,并将推导过程中对无穷小量的忽略说成是"分明的诡辩""把人引入歧途的招摇撞骗"等。在贝克莱的挑动下,一些颇有成就的数学家也说了一些缺乏深思熟虑的话。这就造成了数学史上的"第二次危机"。一场关于微积分奠基问题大论战的序幕拉开了!

面对严峻的挑战,大批训练有素的数学家,为捍卫真理,终于奋起反击了!英国的麦克劳林、泰勒,法国的达朗贝尔、拉格朗日等著名数学家,为微积分的基础理论建设做了大量卓有成效的工作。另外,微积分在实践和应用上节节胜利。事实胜于雄辩,微积分表明了它的强大生命力。连贝克莱本人后来也不得不承认:"流数术是一把万能的钥匙,借助于它,近代数学家打开了几何以至大自然的秘密大门。"

今天,谁也不会对微积分抱有怀疑了!这一人类杰出的科学成果在经历了严峻的挑战之后,越发显示出真理的光辉!

二十、快速鉴定质数的方法

在“五、奇异的质数序列”中我们讲过，19 世纪末，法国数学家阿达马证明了素数定理，用式子表达就是

$$\lim_{n\to\infty}\frac{\pi(n)}{\dfrac{n}{\ln n}}=1$$

式中 $\pi(n)$是小于 n 的质数个数。这一定理表明，当 n 很大时，质数的数量依然是很可观的！

质数的存在是一回事，鉴定质数又是另外一回事。后者是十分令人头痛的问题。一个人人都会的办法，是把所有可能的质因子一一拿去试除。不过，这里也有窍门。假定 N 是一个合数，数 A 是它的最小质因子。令 $N=A\cdot B$，则

因为 $$N=A\cdot B\geqslant A^2$$

所以 $\sqrt{N} \geqslant A$

这表明我们只要对不大于 $\sqrt{N}$ 的质因子逐一试除就行了！

即使这样，试除工作也是繁重而费时的。举例来说，要鉴定以下的数是否是质数：

$$N = 10\ 000\ 000\ 000\ 000\ 001$$

需要试除 $\sqrt{N} \approx 10^8$ 以内的质数，这样的质数共有 5 761 455 个，倘若一一试过，则不知要试到何年何月，更不用说要判定位数更大的数了！因此，如何快速鉴定质数，便成为向人类智慧挑战的最简单而又最困难的一个数学问题！

多少世纪以来，许多数学家为寻求快速鉴定质数的方法而绞尽脑汁，结果收效甚微。直至 20 世纪 80 年代，上述问题才取得较为理想的突破。出人意料的是，当时所用的方法，追本溯源，竟是 350 年前人们已经知道的！

1640 年，法国著名数学家皮埃尔·费马（Pierre Fermat，1601—1665）在给他朋友的一封信中，声称发现了一个定理，即若 P 为质数，则对任何正整数 a，$(a^P - a)$ 一定能被 P 整除。不过当时费马没有给出证明，这一命题的证明是由一个世纪之后的瑞士数学家欧拉做出的。

皮埃尔·费马

下面是这个定理的一些简单例子：

$$2^{13}-2=8190=13\times 630$$

$$3^{11}-3=177\,144=11\times 16\,104$$

$$5^{7}-5=78\,120=7\times 11\,160$$

……

这里似乎需要提到一段历史上的公案。20 世纪 20 年代，欧洲的一些学者如迪克森等人，在论述数的历史的时候曾经说道，早在孔丘时代（春秋时期，距今约 2500 年），中国人就知道“若 P 为质数，则 2^P-2 能为 P 整除”的规律。众所周知，这是上述费马定理的特例。后来，人们查证了这种说法的出处，原来均来源于 1897 年，一位名叫琼斯的大学生的一篇短文。在这篇短文的末尾，有一则奇怪的附注。附注说：“威尔玛爵士的一篇论文认为，早在孔丘时代就已有过这个定理，并且（错误地）说，如果 P 不是质数，则此定理不成立。”

那么，威尔玛爵士的文章又是依据什么呢？原来是依据中国古代数学名著《九章算术》中的一段论述：

“可半者半之，不可半者副置分母分子之数，以少减多，更加减损，求其等也！”

这一段令人迷惑难懂的文言文，实际上说的是辗转相除。这一方法曾以古希腊数学家欧几里得的名字命名。然而由于西方的汉学家对于中国古文理解的困难，致使出现了理解上的差错！不过，中国的数学史学家对此始终抱着实事求是的态度。他们在论述《九章算术》时，从来没有提到如同威尔玛爵士所讲的那种"辉煌成就"!

可是,近来有些非数学史的书上,以讹传讹,又从国外一些文献中把迪克森等人的观点捡了回来,并作为我们国家的"世界之最"加以宣扬。作为炎黄子孙,我们自然希望早在2500年前,我们的某位祖先已经显示出如同17世纪的费马那样的数学才华。但是,对史实的牵强附会无疑是与科学相违背的!

现在回到前面讨论的课题上来。我们讲过,若 P 为质数,则 a^P-a 必能被 P 整除。那么,反过来,若 a^P-a 能被 P 整除,P 是质数吗?对这个费马定理的逆命题,在做了许多尝试,并没有发现它是不成立之后,人们倾向于认为这是一条真理!

不料,1819年法国数学家萨鲁斯举出了一个反例:

当 $P=341$ 时,有

$$\begin{aligned}2^{341}-2&=2\times(2^{340}-1)\\&=2\times(2^{10}-1)(2^{330}+2^{320}+2^{310}+\cdots+1)\\&=2\times3\times341\times(2^{330}+2^{320}+2^{310}+\cdots+1)\end{aligned}$$

而 $341=11\times31$,它不是质数!

1830年,一位不愿意公开自己姓名的德国作者撰文,指出了更为一般的构造反例的方法。

不过,应当指出,能整除 2^n-2 的 n,几乎都是质数。像341那样混迹其中的合数是极少的。

1909年,巴拉切维兹证明了在2000之内,诸如341那样鱼目混珠的合数(通称假质数)只有5个,占0.25%,它们是

$341=11\times 31$；$561=3\times 11\times 17$；

$1387=19\times 73$；$1729=7\times 13\times 19$；

$1905=3\times 5\times 127$

随后，人们又陆续找到了一些超过 2000 的假质数，例如：

$2047=23\times 89$；　$2701=37\times 73$；

$2821=7\times 13\times 31$；　$4369=17\times 257$；

$4681=31\times 151$；　$10\,261=31\times 331$；

$10\,585=5\times 29\times 73$；　$15\,841=7\times 31\times 73$；

……

假质数比起真质数来，真是凤毛麟角，少得可怜！在 100 亿之内的质数有 455 052 512 个，而假质数只有 14 884 个。这表明，在 100 亿之内，且 2^n-2 能被 n 整除的那些数中，质数占 99.9967%，只有不足 0.004% 的数是合数。一般地，假质数与质数的比约为 1∶30 000。

这样一来，2^n-2 能否被 n 整除，便可作为鉴定数 n 是否为质数的相当可靠的办法。如果 2^n-2 不能被 n 整除，那么 n 一定是合数；否则 n 要么是质数，要么是假质数。剔除为数极少的假质数，所剩的便是真质数了！

1980 年，两位欧洲数学家根据上面的思路，终于找到了一种最新的质数鉴定法。应用这种方法，一个 100 位质数的鉴定，过去需要几万年，现在只需几秒钟！

有趣的是，在假质数中还有这样的一类，它们不仅能够整除

2^n-2,而且还能整除

$$3^n-3;\ 4^n-4;\ 5^n-5;\ \cdots$$

这样的假质数,我们称为“绝对假质数”,其中最小的一个是

$$561=3\times 11\times 17$$

直至21世纪初,已知最大的一个绝对假质数是

$$443\ 656\ 337\ 893\ 445\ 593\ 609\ 056\ 001$$

它在绝对假质数中排行第685,是1978年发现的。至于它是不是绝对假质数的尽头,或绝对假质数是否有无限个,目前都仍是个谜!

二十一、秘密的公开和公开的秘密

当 SOS 电波在空中传播的时候，全世界接收到这一信号的人都明白，在地球的某个角落，有人蒙难了！因为 SOS 是明码的呼救信号。明码是美国人塞缪尔·莫尔斯(Samuel Morse，1791—1872)于 1837 年发明的。从那时起，这种以莫尔斯命名的电码，便开始为人类传递着公开的秘密！

随着国际政治与军事斗争的加剧，各国为了保护自己的秘密，纷纷开始了对密码的研究。

其实，所谓密码也不是什么了不起的事。它只是一种按"你知，我知"的规律组成的信号。一个国家的文字对不懂这一国家文字的人来说，便是一种密码！中世纪的海盗往往把掠夺来的财富存放在一个秘密的地方，然后用一种只有他自己和最亲近的人才知道的秘密符号，把财宝的存放地点记录在羊皮纸上。正如本丛书《偶然中的必然》一册所提到的那个妙趣横生的，勒格让先生破译故事中讲的那样，由于这些海盗很少有人得以善终，因此他们留下的那些秘密符号便成为千古之谜，至今仍然吸引着许多冒险者疯狂地去追寻！

据说，在苏联卫国战争期间，游击队员们在简陋的条件下曾用一种叫"秘密天窗"的工具来书写密件。写好的密件在外人眼中只是一堆杂乱无章的字母。解密时，只要用一个同样的"秘密天窗"，便可立即读出发信人所写的内容。

所谓"秘密天窗"，实际是一张有 $2n \times 2n = 4n^2$ 个小方格的硬纸片，纸片上有 1/4 的方格被挖空，这些被挖空的小方格便称为"天窗"。显然，这样的"天窗"有 n^2 个，它们当然不能是随意的，但可以通过下面的办法构造出来。

如图 21.1 所示，每确定一个天窗（图中阴影方格），则这个天窗绕正方形中心旋转若干个 90°所能到达的位置（图中标有"×"的方格），便不能再当天窗。第一个天窗开好后，在没有记号的格子中任选一个做第二个天窗，如此等等，直至不再有没记号的格子为止。图 21.2 便是一张已经开好的 6×6 秘密天窗。

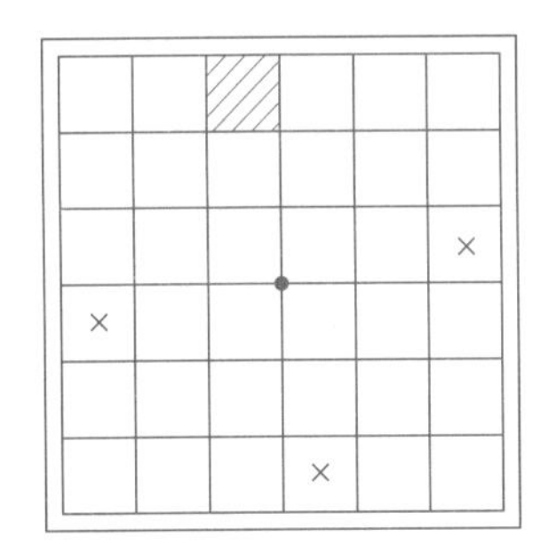

图 21.1

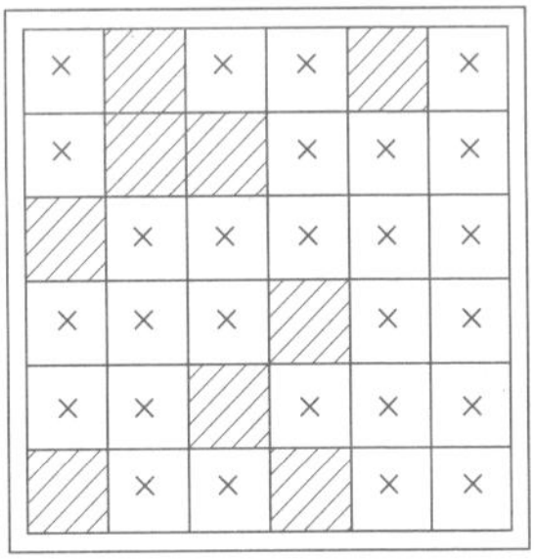

图 21.2

使用秘密天窗的方法很简单，只要把它叠在一张白纸上，然后在挖空的格子中依序写下要写的话；没有写完的，把天窗硬纸片绕中心转 90°接着再写；写不完可以再转 90°接着写。一个 $2n\times 2n$ 的秘密天窗，可以写下 $4n^2$ 个字母的句子。例如，下面一句俄语：Я хочу знать,kто придёт завтра утром。意思是："我想知道明早谁来。"用 6×6 秘密天窗写后，便成了图 21.3 所示的密件，拼读起来毫无意义！6×6 秘密天窗的开法有 4^8=65 536 种，要想破译也是很不容易的，倘若把这 6 万多种一一试过，大约所写的"秘密"早已变成

А	Я	Р	Т		И
Т	Х	О	Д	Ь	
Ч	К	Е	Р	Т	А
О			У	У	Т
Т	Р			З	П
З	А	О	Н	В	М

图 21.3

了“故事”!

秘密天窗的解密是很容易的。我想任何一位读者,都能用图 21.2 的“秘密天窗”,把上述密件破译出来。

世上万物总是相生相克。既然有人研究密码,也就有人研究破译密码的办法。第二次世界大战后期,日本海军 JN25 密码为美军所破,致使日本海军司令山本五十六的座机被击落。英国数学家图林破译了纳粹德国的“爱尼格玛”密码,盟军得以坐待良机,德国轰炸机一出动便遭拦截!所以,世界各国一向重视所用密码的安全性,务求“不被破译”。

然而,密码之所以会被破译,是因为它有一个致命的弱点,即“设密”与“解密”使用的是同一个“密钥”。这样,密钥的得与失,便关系着大局。

20 世纪 70 年代,许多研究密码的专家发现,用一些正向容易逆向困难的数学问题来设密,可以收到极好的效果!例如,把 2 个 50 位的质数相乘,这是一件容易的事;但要从它们的乘积分解出这2个质数来，即使用电子计算机也需100万年。后者看起来似乎是个有限的时间，但实际上可以看成是无限的！上述问题寓难于易，寓无限于有限，这正是构造一切密码的规律！

现在我们就利用上面的例子来设置密码。令合数 $n=pq$，p、q 为质数。加密时，先选一个既不能整除 $p-1$，又不能整除 $q-1$ 的质数 r；然后，将需要加密的明码 a 乘方 r 次，再除以 n 得到余数 a'，则 a' 便是密码。从明码求密码的过程是很容易的，两者的关系用式子可以写成

$$a^r \equiv a' (\bmod n)$$

以上算式的意思是 a^r 和 a' 除以 n，余数相同。

解密时，关键是要找一个数 S，使它满足

$$Sr \equiv 1[\bmod (p-1)(q-1)]$$

数学上可以证明，此时必有

$$(a')^s \equiv a (\bmod n)$$

其实，这一点是不难验证的。在“二十、快速鉴定质数的方法”中说过，1736年，欧拉证明了费马小定理。过了24年的1760年，欧拉又将这个定理推广为更一般的形式。即若 C 与 n 互质，则

$$C^{\varphi(n)} \equiv 1(\bmod n)$$

式中 $$\varphi(n)=n\left(1-\frac{1}{p}\right)\left(1-\frac{1}{q}\right)\cdots\left(1-\frac{1}{t}\right)$$

其中，$p,q,\cdots,t$ 是 n 的质因子。

由于我们加密时选取 $n=pq$（p、q 为质数），因而

$$\varphi(n)=pq\left(1-\frac{1}{p}\right)\left(1-\frac{1}{q}\right)$$
$$=(p-1)(q-1)$$

这样,根据欧拉定理,便有

$$(a')^{(p-1)(q-1)}\equiv 1(\bmod n)$$

因为 $\qquad Sr\equiv 1(\bmod(p-1)(q-1))$

所以 $\qquad Sr\equiv 1+k(p-1)(q-1),\quad k\in N$

从而 $\qquad (a')^{Sr}\equiv a'\cdot(a')^{k(p-1)(q-1)}(\bmod n)$

$$\equiv a'\cdot 1^k(\bmod n)$$
$$\equiv a'(\bmod n)$$

因为 $\qquad a^r\equiv a'(\bmod n)$

所以 $\qquad (a')^{Sr}\equiv a^r(\bmod n)$

这与解密中的算式$(a')^s\equiv a(\bmod n)$没有矛盾!

现在我们回到密码的设置上来。很明显,无论是加密时由 a 求 a',或解密时由 a'求 a,对于知道 p、q 的人都是很容易的。例如,设

$$p=5,\quad q=7,\quad n=35,\quad a=9$$

选 $r=5$,它显然既不整除 $p-1=4$,也不整除 $q-1=6$:

$$a^r=9^5\equiv 4(\bmod 35)$$

从而 $a'=4$ 即为相应于 $a=9$ 的密码。

解密时,算得$(p-1)(q-1)=4\times 6=24$。显然可以取 $S=5$ $(sr=25=1+24)$,由

$$(a')^s = 4^5 \equiv 9 \pmod{35}$$

可以还原出明码 $a=9$。

上述密码几乎可以是公开的，即使把 n 和 r 告诉对方也无妨！关键在于 n 的分解是极为困难的，选取的质数 p、q 越大则分解越难！

具有讽刺意味的是，数学家们对公开密码的研究竟引起了一些国家情报机构的关注。1977 年美国国家安全委员会的一个工作人员梅耶，向当时正筹备召开的密码学会议提出了指控，说是“违反了武器禁运规定”！可见这些情报机关早把密码当成一种秘密武器来看待。难怪这一消息一经传出，社会上舆论哗然，各执己见，争论了好一阵子！

不过，自从前文讲到的质数快速鉴定法出现之后，有人甚至觉得用 100 位的质数来构造密码也有点不安全了！

二十二、数格点，求面积

1800年，年仅23岁的德国数学家高斯发现了一个有趣的结论，即圆

$$C(\sqrt{Z}): x^2+y^2=Z$$

内部的整数格点的数目$R(Z)$与半径平方的比值，当Z增大时趋于π，写成式子就是

$$\lim_{Z\to\infty}\frac{R(Z)}{Z}=\pi$$

使人意想不到的是，上述高斯定理的证明竟然很简单，既不用什么专业知识，也没有拐弯抹角的地方。

在平面的每一个格点$P(a、b)$处，都放一个以P为中心，边长为1的正方形。这样的正方形称为格点正方形。把圆$C(\sqrt{Z})$内部格点的正方形涂上颜色，则这些涂了颜色的正方

形，如同图 22.1 那样连成一片，形成一个区域。假定这一有色区域的面积为 A_C。显然，我们有

$$A_C = R(Z)$$

因此，如果我们能估出 A_C 的大小，实际上也就等于求得 $R(Z)$ 的大小。

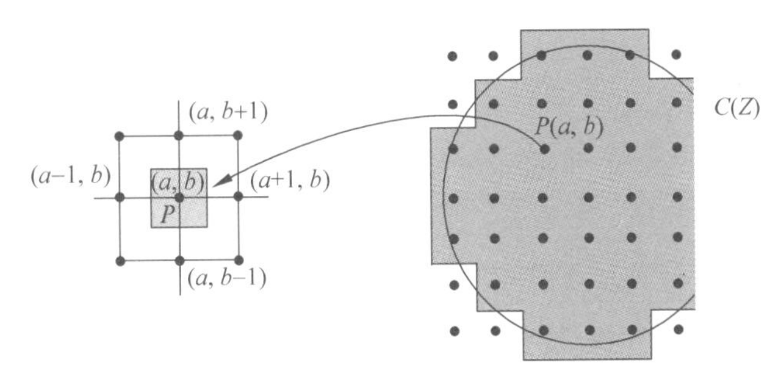

图 22.1

仔细研究一下图 22.2 就知道，没有一个有色的正方形，它的点会落到圆 $C\left(\sqrt{Z}+\frac{\sqrt{2}}{2}\right)$ 的外面；也没有一个不涂色的正方

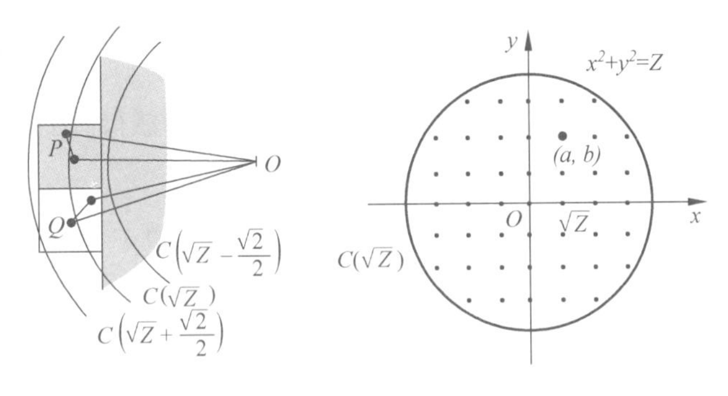

图 22.2

形，它的点会落到圆 $C\left(\sqrt{Z}-\frac{\sqrt{2}}{2}\right)$ 的里面。这表明

$$\pi\left(\sqrt{Z}-\frac{\sqrt{2}}{2}\right)^2 \leqslant A_C \leqslant \pi\left(\sqrt{Z}+\frac{\sqrt{2}}{2}\right)^2$$

注意到 $A_C=R(Z)$，则

$$\pi\left(1-\frac{\sqrt{2}}{2\sqrt{Z}}\right)^2 \leqslant \frac{R(Z)}{Z} \leqslant \pi\left(1+\frac{\sqrt{2}}{2\sqrt{Z}}\right)^2$$

当 Z 增大时，上式左右两端都趋向 π，从而

$$\lim_{Z\to\infty}\frac{R(Z)}{Z}=\pi$$

高斯定理表明：当圆半径很大时，圆内整点的数目与圆的面积十分接近。确切地说，$R(Z)-\pi Z$ 增大的速度，要比 Z 增大的速度慢得多！

不过，上面的比较是很粗糙的。精确一些的办法是，拿它与 Z^α 的增大作比较。在 $R(Z)-\pi Z$ 增大比 Z^α 增大慢得多的前提下，求 α 的下界 θ。这在数论中是一道难题，称作“高斯整点问题”。数学家们猜测：$\theta=\frac{1}{4}$。但抵达这一界限的进程是极为缓慢的，1935 年，我国著名数学家华罗庚(1910—1985)证明了

$$\frac{1}{4}\leqslant\theta\leqslant\frac{13}{40}$$

这曾经在 25 年之内，代表着人类智慧的最高成就！

华罗庚

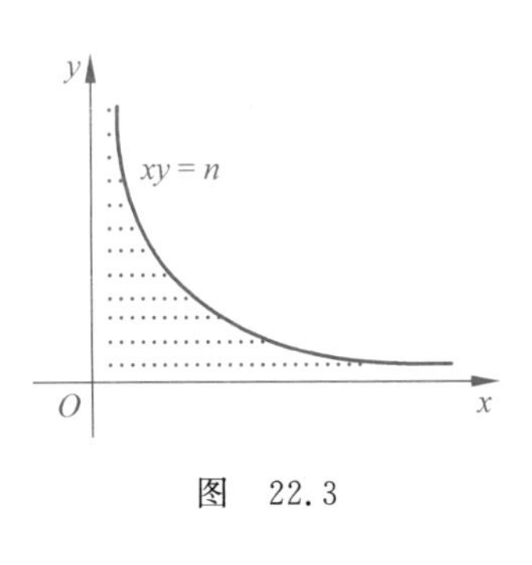

图 22.3

值得一提的是,另一个与高斯圆内整点齐名的狄利赫里除数问题(图 22.3),即求适合

$$xy \leqslant n, \quad x > 0, \quad y > 0$$

的整点数目。我国数学家迟宗陶利用闵嗣鹤提出的方法,也曾获得过令世人瞩目的成果。

计算一个曲边图形的面积,往往是件十分困难的事。下面是一个有趣的问题:在多大程度上,我们可以通过"数格点"来求图形的面积?

对于所有顶点在格点上的多边形,乔治·皮克(Georg Pick,1849—1943)证明了以下实用而有趣的定理:

设 Ω 是一个格点多边形。Ω 内部有 N 个格点,Ω 边界上有 L 个格点。则 Ω 的面积

$$S_{\Omega} = N + \frac{L}{2} - 1$$

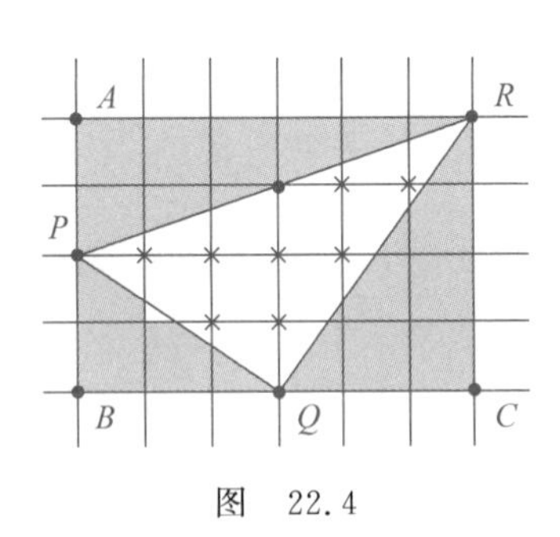

图 22.4

例如,对于图 22.4 的格点三角形 PQR,易知

$$\begin{cases} N = 8 \\ L = 4 \end{cases}$$

按公式计算得

$$S_{\triangle PQR}=8+\frac{4}{2}-1=9$$

事实上，这一结果可以通过补割直接加以验证：

因为 $S_{ABCR}=4\times6=24$

$S_{\triangle BQP}=3$； $S_{\triangle RQC}=6$； $S_{\triangle APR}=6$

所以 $S_{\triangle PQR}=24-(3+6+6)=9$

下面我们证明，对于任意的三角形，皮克定理成立。

先注意一个事实，即对于某大块区域，其内部格点数极多，则其边界格点与内部格点相比几乎可以忽略。那么该区域的面积将很近似于它内部的格点数。

现在设想有这样一块大区域，它是由 n 个全等的格点三角形拼接而成。例如，图 22.5 的六边形区域，是由 6 个全等的三角形拼成，每个三角形的内部格点均为 8，而边界格点则均为 4。

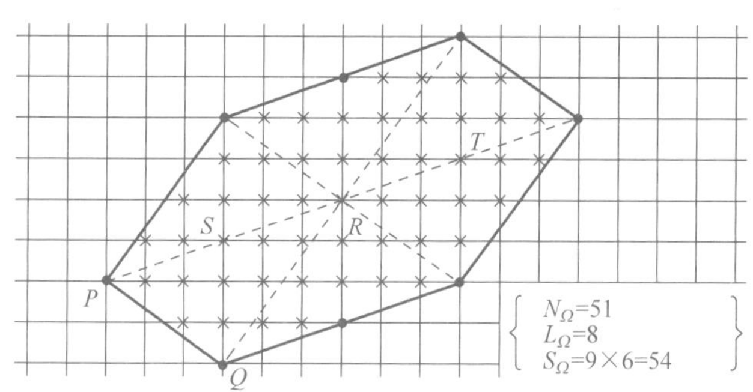

图 22.5

仔细观察图 22.5 可以发现，三角形边界上的格点（如 S、T），由于拼接上另一个三角形，而变为大区域的内部格点，三角形的顶点（如 R），则由 6 个三角形拼接，而变为大区域的内部格点。这样，原本 n 个三角形，有 nN 个内部格点，$3n$ 个顶点格点和$(L-3)n$ 个边界上的格点。在拼接成大块区域 Ω 后，其面积

$$S_\Omega \approx nN + \frac{3n}{6} + \frac{(L-3)n}{2}$$

因为
$$S_\triangle = \lim_{n\to\infty}\frac{S_\Omega}{n}$$

所以
$$S_\triangle = N + \frac{1}{2} + \frac{L-3}{2} = N + \frac{L}{2} - 1$$

上式表明，皮克的结论对于任意的格点三角形都是成立的。因为任何格点多边形，都可以看成是若干格点三角形的和，所以皮克定理也适用于格点多边形。具体的证明留给对此感兴趣的读者自行练习！

不过，通常我们需要计算的图形并非格点多边形。因此，首先需要通过割补的办法，将其化为面积相近的格点多边形，然后再用皮克公式计算。

图 22.6 是某市的区域平面图，图中的比例尺为 1∶2 000 000。单位方格代表 15×15=225 平方千米。读者可以用割多补少的办法，确定一个近似于该区域面积的格点多边形，然后再用皮克公式计算该多边形面积。不过，千万别忘了，要把所得的结果乘

以 225 平方千米！

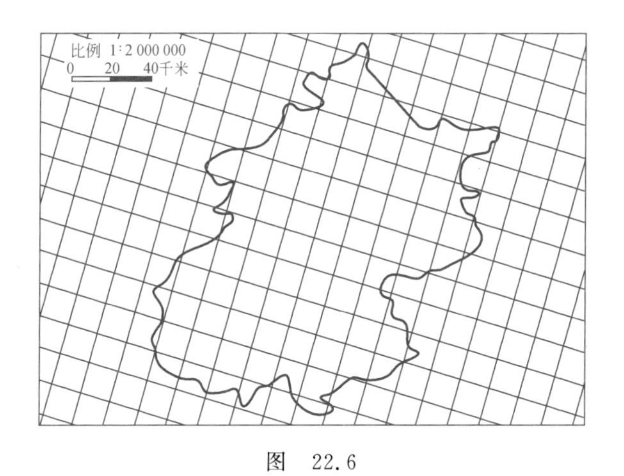

图 22.6

亲爱的读者，当你用上述方法亲手计算出自己家乡的实际面积时，我想你一定会为科学的胜利而感到无限欣慰！

二十三、一个重要的极限

苏联著名的科普作家雅·依·别莱利曼在他的著作《趣味代数学》里提到过这样一个有趣的问题：

已知数 a，把它分成若干部分，如果各部分乘积要最大，应该怎样分？

别莱利曼的答案是这样的：

当诸数的和不变的时候，要想使乘积得到最大，务必使诸数个个相等。因此，数 a 必须分成相等的若干部分。那么，究竟要分成几个部分呢？可以证明，当每个部分跟数 e 最靠近的时候，各部分的连乘积一定最大！

别莱利曼这里说的数 e，是一个介于 2 与 3 之间的无理数。1748 年，大数学家欧拉在他的传世之作《无穷小分析引论》中，

首次引用到它。e 的定义在微积分中有第二个重要极限之称，其精确值是

$$e=2.718\,281\,828\,459\,045\cdots$$

别莱利曼的结论是，把 a 分为 n 等分，那么，在以下数列中：

$$\left(\frac{a}{2}\right)^2,\left(\frac{a}{3}\right)^3,\left(\frac{a}{4}\right)^4,\cdots,\left(\frac{a}{n}\right)^n,\cdots$$

相应于最大项的 n，应该最接近于商

$$\frac{a}{e}=\frac{a}{2.718\,28\cdots}$$

的整数。例如 $a=20$，按计算最接近 $\frac{20}{e}$ 的整数是 7。这一结果的正确性，读者可以从表 23.1 中看得一清二楚！

表 23.1　结果

n	$\frac{20}{n}$	$\left(\frac{20}{n}\right)^n$	大小顺序
2	10	100	9
3	6.667	296.296	8
4	5	625	7
5	4	1024	5
6	3.333	1371.742	3
7	2.857	1554.260	1
8	2.5	1525.879	2
9	2.222	1321.561	4
10	2	1024	5
11	1.818	717.812	6

为弄清数 e 的来龙去脉，我们还得从图形的压缩讲起。

数学家对于一个图形向直线压缩的概念，要比漫画家精确得多。漫画家似乎把“压缩”理解为“压扁”，如同图 23.1 那样，在垂直方向缩短的同时，水平方向莫名其妙地膨大起来！

数学家说的“图形向直线压缩”是指这样一种变换：平面上的每一个点 A，变为直线 L 的垂线 PA 上的另一个点 A' 且满足

$$PA' : PA = K$$

常数 K 称为压缩系数。若 $K>1$，则 $P'A>PA$。这时的变换，名为“压缩”，实则拉伸。很明显，直线 L 上的点，在“向直线压缩下”，变为本身，如图 23.2 所示。

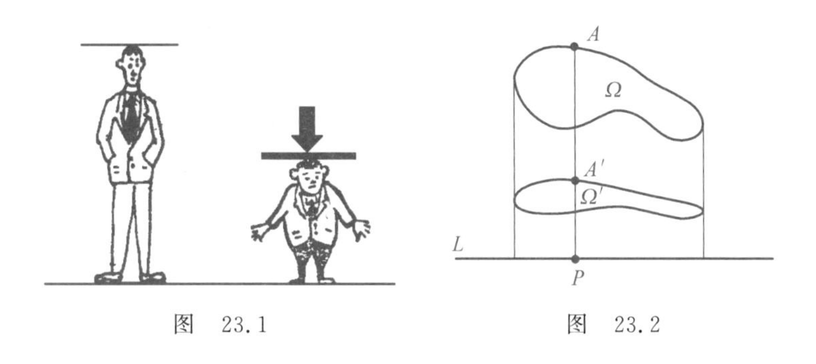

图　23.1　　　　图　23.2

倘若一个图形连续施行两次压缩。先是以系数 K 向 x 轴压缩，继而以系数 K' 向 y 轴压缩，那么情况将会怎么样呢？

图 23.3 是一个例子，图中 $\triangle ABC$ 先向 x 轴压缩，$K=\frac{1}{2}$，变换为 $\triangle A'B'C'$，再向 y 轴压缩，$K'=2$，变换为 $\triangle A''B''C''$。

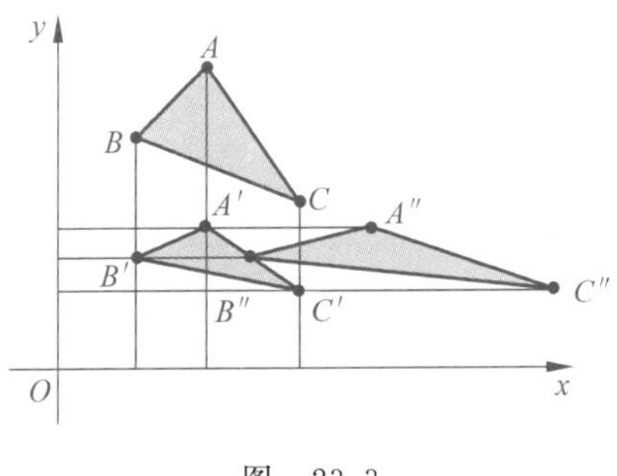

图 23.3

很明显,如果一个图形 Ω,经向 x 轴、y 轴两次压缩,而且如同上例那样有 $K'=\frac{1}{K}$。那么,变换前与变换后的图形面积将相等。这是因为

$$S_{\Omega'}=KS_{\Omega}$$

$$S_{\Omega''}=K'S_{\Omega'}$$

从而 $$S_{\Omega}=\frac{1}{K}S_{\Omega'}=K'S_{\Omega'}=S_{\Omega''}$$

现在提一个有趣的问题:请你找一个图形,当它分别以系数 K 和 $\frac{1}{K}$,依次向 x 轴和 y 轴压缩后,结果仍是原来的图形。做得到吗?

可能有人对此感到不可思议,因为他们认为,一个点 P 经双向压缩后,只要压缩系数 $K\neq 1$,则必然变换为另一个点 P'',而绝不可能重合!其实,这是一种错觉。事实上,存在这样的图

形，它上面的点经双向压缩后，位置都起了变化，但图形却是同一个！反比例函数

$$y=\frac{1}{x}$$

的图像就是一个例子。它是一组双曲线，图 23.4 只画出它在第一象限的那一支。

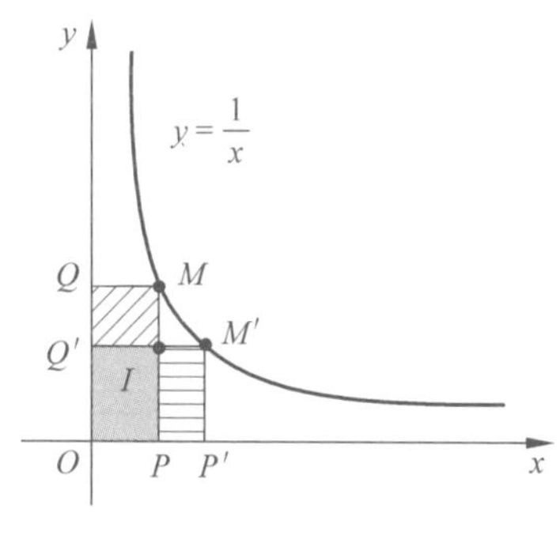

图 23.4

假定 M 为双曲线上的任一点，当它以系数 K 向 x 轴压缩时，变换为点 I；而当点 I 以系数$\frac{1}{K}$向 y 轴压缩时，又变换为另一点 M'。上面曾经提过，经两次压缩后有

$$S_{OPMQ}=S_{OP'M'Q'}$$

从而，M 点与 M'点的坐标间满足以下关系：

$$x_{M'}\cdot y_{M'}=x_M\cdot y_M=1$$

这表明 M'点也在双曲线上。也就是说，所有双曲线上的点变换

后只是在双曲线上挪动了一个位置。对这种特殊的双向压缩变换，我们叫作“双曲旋转”。

双曲旋转有一个非常奇妙的特性：即一个曲边梯形 $PQNM$ 的面积 S_{PQNM}，只跟 P、Q 两点的横坐标的比值 $x_Q : x_P = \lambda$ 有关(图 23.5)。这是因为经过双曲旋转，不仅曲边梯形面积没有改变，而且对应点的横坐标比值也没有改变。这样，曲边梯形的面积 S_{PQNM}，便可以看成是 P、Q 两点横坐标比值 λ 的函数

$$S_{PQNM} = S\left(\frac{x_Q}{x_P}\right) = S(\lambda)$$

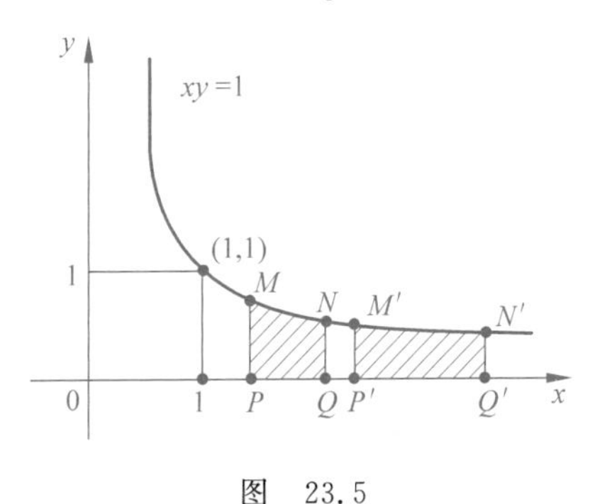

图 23.5

特别地，当 P、Q 重合时 $\lambda = 1$，从而

$$S(1) = 0$$

从图 23.6 可以看出 $S(2)$ 一定小于黑框正方形的面积，而 $S(3)$ 则一定大于以 PQ 为中位线的梯形 $ABCD$ 的面积，这意味着

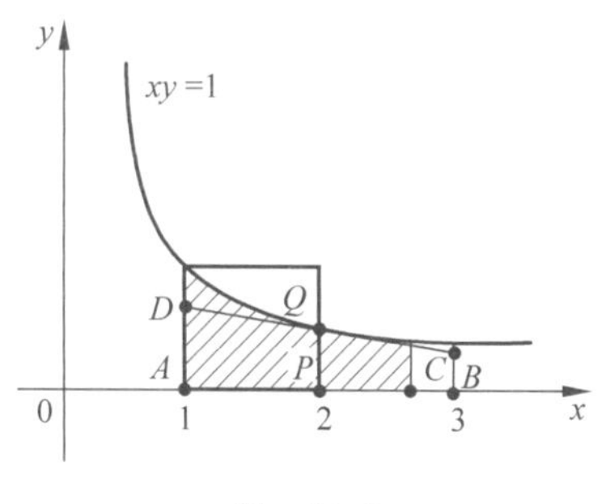

图 23.6

$$S(2) < 1$$

$$S(3) > 1$$

从而，在 2 与 3 之间必可找到一点 e，使得

$$S(\mathrm{e}) = 1$$

这个 e，就是欧拉当初引进的数！下面我们想办法把数 e 估计得精确一点。考查图 23.7 的曲边梯形 $APMN$，其中 A 点和 P 点的横坐标分别为 1 和 $\left(1+\dfrac{1}{n}\right)$，从图 23.6 中可以看出，曲边梯形的面积为 $S\left(1+\dfrac{1}{n}\right)$，它介于两个矩形的面积之间，这两个矩形

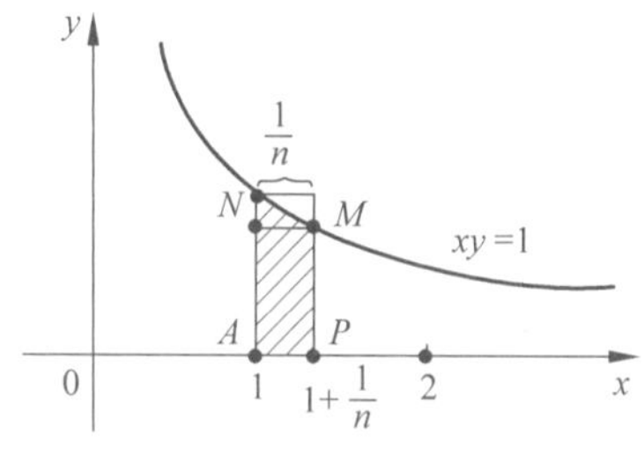

图 23.7

面积容易算得是$\frac{1}{n+1}$和$\frac{1}{n}$,即

$$\frac{1}{n+1} < S\left(1+\frac{1}{n}\right) < \frac{1}{n}$$

另一方面,我们很容易得知,对于λ的函数$S(\lambda)$有

$$S(\lambda_1) + S(\lambda_2) = S(\lambda_1 \cdot \lambda_2)$$

事实上,$S(\lambda_1)$表示横坐标从1到λ_1的双曲线曲边梯形面积,而$S(\lambda_2)=S\left(\frac{\lambda_1\lambda_2}{\lambda_1}\right)$表示横坐标从$\lambda_1$到$\lambda_1\lambda_2$的曲边梯形面积。两者相加即为横坐标从1到$\lambda_1\lambda_2$的曲边梯形面积,这就是$S(\lambda_1\lambda_2)$。

读者学过对数的知识,想必知道只有对数才具备上述性质。注意到$S(\mathrm{e})=1$,所以不妨令

$$S(\lambda) = \log_{\mathrm{e}}\lambda$$

于是,我们有

$$\frac{1}{n+1} < \log_{\mathrm{e}}\left(1+\frac{1}{n}\right) < \frac{1}{n}$$

$$\left(1+\frac{1}{n}\right)^n < \mathrm{e} < \left(1+\frac{1}{n}\right)^{n+1}$$

上式表明,当$n\to\infty$时有

$$\mathrm{e} = \lim_{n\to\infty}\left(1+\frac{1}{n}\right)^n$$

这就是今天大多数书中采用的定义。这一定义的不足是接近e的速度不够快。例如,n取1000时也才算得

$$2.716\,923\,9 < e < 2.719\,640\,9$$

另一个接近速度更快的式子为

$$e = 1 + \frac{1}{1!} + \frac{1}{2!} + \frac{1}{3!} + \frac{1}{4!} + \cdots$$

这里 $n! = 1 \times 2 \times 3 \times \cdots \times n$，读作“$n$ 阶乘”，是数学中一个很常用的符号。用后一式子只要取 18 项，就可以得到 e 的前 15 位小数！

在本节的开始我们曾经讲过，极限

$$\lim_{n \to \infty}\left(1 + \frac{1}{n}\right)^n = e$$

在微分学中被称为第二个重要极限。读者一定想知道，号称“第一”的重要极限是什么？那就是

$$\lim_{x \to 0}\frac{\sin x}{x} = 1$$

不过，这个极限无论从重要性还是应用的广泛性，都有逊于 e 这个极限。大概是由于历史因素所形成的“论资排辈”吧，致使数 e 这个重要的极限，令人惋惜地屈居第二了！

二十四、人类认识的无限和有限

我们人类生存在一个无限的时间和空间之中。这个时空包含着无穷的奥秘和规律，等待着人类去认识和发现。尽管人的认识不可能有穷尽，但已被认识的东西却是有限的！

迄今为止，人类所认识的空间尺度最小的物质是“夸克”。夸克的直径大小约为 10^{-18} 米，而今天人类认识的宇宙可见边界的直径，却远达 930 亿光年，即约 10^{27} 米，相比之下可测长度跨越了 45 个数量级。这意味着需要用 10^{45} 个夸克，一个接一个地按直线排列，才能从宇宙的一个尽头，排到另外一个尽头！

在质量方面，虽然目前公认光子的质量最小，但光子的静止质量为 0，无法进行深层次比较，所以人们倾向把电子作为最小质量的粒子。一个电子的质量约为 10^{-30} 千克，而宇宙间物质

的总质量却高达 10^{53} 千克，相比之下，可计质量跨越了 83 个数量级！

时间从过去走到现在，又从现在奔向未来！在现代生活中，秒是最基本的计时单位。人们常把“争分夺秒”作为高效率的象征。须知一个 Ω 介子一生的寿命，却短到只有 10^{-22} 秒；而红矮星的寿命却可能长达 2000 亿年（约 6.3×10^{18} 秒）。从 Ω 介子到红矮星的寿命，可测时间竟跨越了 40 个数量级！

对于时间、空间和质量，人类的视野将随着历史文明的进程而继续扩大，向更深、更广、更高处不断延伸。

图 24.1 摘自国外科学杂志，图名为《世界万物小与大》。通过数字与事实，读者可以了解到有别于本书中所描述的另一种无限中的有限，一种人类对于无限时空的有限认识！

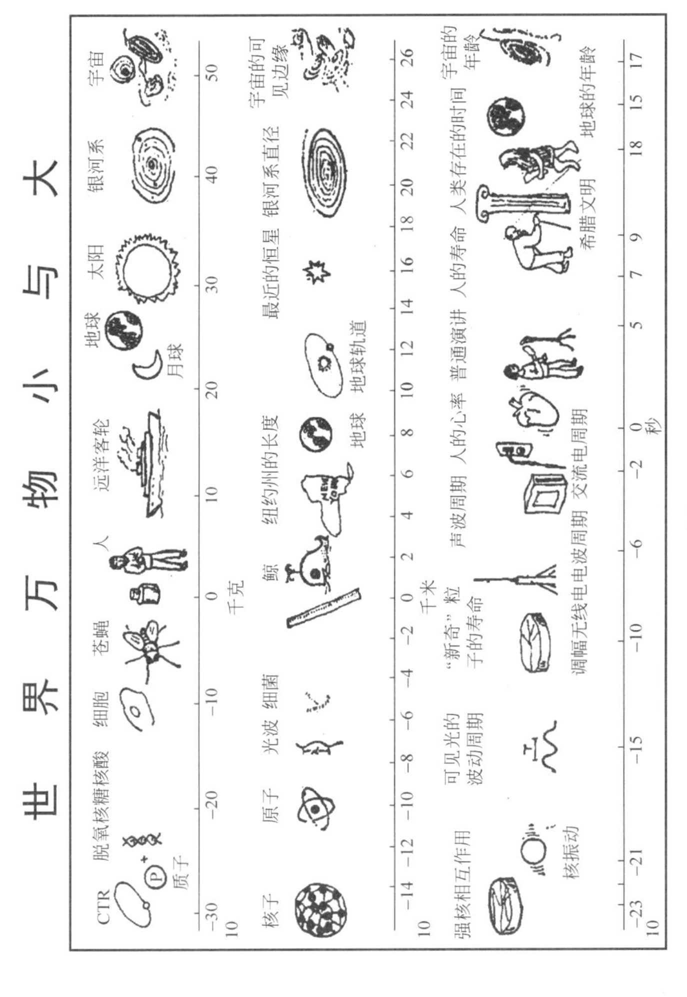
世界万物小与大
CTR
质子
脱氧核糖核酸
细胞
苍蝇
人
远洋客轮
地球
月球
太阳
银河系
宇宙
−30 −20 −10 0 10 20 30 40 50
10
千克
核子
原子
光波
细菌
鲸
纽约州的长度
地球
地球轨道
最近的恒星
银河系直径
宇宙的可见边缘
−14 −12 −10 −8 −6 −4 −2 0 2 4 6 8 10 12 14 16 18 20 22 24 26
10
千米
强核相互作用
核振动
可见光的波动周期
"新奇"粒子的寿命
调幅无线电电波周期
声波周期
交流电周期
人的心率
普通演讲
人的寿命
希腊文明
人类存在的时间
地球的年龄
宇宙的年龄
−23 −21 −15 −10 −6 −2 0 5 7 9 18 15 17
10
秒

图 24.1